Grasshopper
参数化建模技术

程 罡 编著

清华大学出版社
北 京

内 容 简 介

本书是一本讲解参数化建模软件 Grasshopper 的技术专著,参考国内外最新研究成果,对 Grasshopper 做了深入浅出的讲解,同时配有大量独具特色的案例,使读者能在较短的时间内掌握该软件的主要理念和重要的制作技法,从而能较快地运用该软件解决工作、设计中遇到的各种建模问题。

本书分为上下两篇,上篇为基础篇,包括第 1~7 章,主要讲解 Grasshopper 的基本操作和常用运算器。下篇为案例篇,包括第 8~11 章,详细讲解了一个综合性案例——摩天大楼的建模。

本书适合从事建筑设计、机械设计、艺术设计、工业设计的人士和 CG 爱好者参阅,也可以作为高职类院校相关课程的教材和教参使用。

图书在版编目(CIP)数据

Grasshopper 参数化建模技术/程罡编著. —北京:清华大学出版社,2017(2024.8重印)
ISBN 978-7-302-46842-4

Ⅰ. ①G… Ⅱ. ①程… Ⅲ. ①三维动画软件 Ⅳ. ①TP391.414

中国版本图书馆 CIP 数据核字(2017)第 064132 号

责任编辑:魏 莹 李玉萍
装帧设计:杨玉兰
责任校对:吴春华
责任印制:丛怀宇

出版发行:清华大学出版社
      网 址:https://www.tup.com.cn, https://www.wqxuetang.com
      地 址:北京清华大学学研大厦 A 座   邮 编:100084
      社 总 机:010-83470000   邮 购:010-62786544
      投稿与读者服务:010-62776969, c-service@tup.tsinghua.edu.cn
      质量反馈:010-62772015, zhiliang@tup.tsinghua.edu.cn
印 装 者:三河市君旺印务有限公司
经 销:全国新华书店
开 本:185mm×260mm   印 张:18   字 数:435 千字
版 次:2017 年 5 月第 1 版   印 次:2024 年 8 月第 6 次印刷
定 价:49.00 元

产品编号:070406-01

前　　言

　　自从有了计算机以来，设计师们就梦想着实现设计的自动化。到了 20 世纪 60—70 年代，计算机开始协助设计师完成复杂的计算，或者绘制规则的工程图纸。但是通过计算机将产品的设计要求和工程师的设计思想，直接变成可用的工程图纸或者数控加工指令，在当时是不可能办到的。

　　20 世纪 80 年代初，AutoCAD 软件问世，标志着计算机辅助设计大众化时代的到来，到了 20 世纪 90 年代中期，随着个人计算机的普及，特别是 Windows 操作系统的出现，大量原来只能在工作站上运行的计算机辅助设计软件纷纷向 PC 上移植。1997 年，CAD 历史上一个重要的版本 AutoCAD R14 推出，所见即所得的操作方式，可以使没有多少计算机基础的人士快速掌握计算机绘图技术，使计算机辅助设计很快成为行业标准，彻底替代了传统的手工绘图，引领了一次设计方法上的革命。

　　进入 21 世纪，计算机辅助设计继续向智能化、多元化的方向发展。机械和建筑设计的复杂性、多样性和灵活性要求设计自动化必须走参数化的路子。自从以 Pro / Engineer(机械)和 Revit Buliding(建筑)等为代表的基于特征造型的参数化设计系统问世以来，在此基础上实现设计的自动化已经变得切实可行。参数化设计技术是计算机辅助设计技术的又一次巨大的飞跃，目前先进的计算机辅助设计软件大部分实现了参数化。

　　本书讲解的是参数化设计软件的一枝奇葩——Grasshopper。Grasshopper 并非一个独立的软件，而是一款在 Rhino 环境下运行的采用参数化方式生成模型的插件。不同于 Rhino Scrip，Grasshopper 不需要太多任何的程序语言知识，就可以通过一些简单的流程方法达到设计师所想要的模型。

　　不同于 Pro / Engineer 和 Revit Buliding 这样用途鲜明的参数化软件，Grasshopper 更加全能！无论机械设计、艺术设计还是建筑设计，Grasshopper 都游刃有余、运用自如。Grasshopper 强大的逻辑建模功能可以在短时间内生产大量结果，并以此进行对比分析，优化设计结果。

　　Grasshopper 的学习也应当秉承由浅入深、循序渐进的原则，掌握基础操作的同时建立起 Grasshopper 的基本思维模式。根据笔者多年研究和自身用户的总结，要学好 Grasshopper 必须把握好以下 3 个关键环节。

- 熟练掌握数据类型、数据结构和相关运算器。
- 熟练掌握各种建模的运算器。
- 熟练掌握内部编程语言和可以调用的函数。

其中的第一条是关键之关键，务必优先掌握。

　　本书对基础命令和运算器做了详细的讲解和运用，希望能为学习 Grasshopper 的读者提供一个入门的基石。

本书在写作过程中参考了国内外专家高手的一些制作方法，并使用了一些相关图片资料，并尽量地在书中做出了标注，但是由于条件所限，不能一一告知，在此一并表示衷心感谢！

由于作者水平所限，本书错漏之处在所难免，也恳请国内外专家高手不吝赐教，多多交流沟通。

编　者

目　　录

上篇　基　础　篇

下篇 案 例 篇

上篇　基础篇

第1章
Grasshopper 概述

内容提要：

- 什么是参数化设计
- 什么是 Grasshopper
- Grasshopper 的下载和安装
- Grasshopper 的界面认识

本章将详细讲解参数化设计的基本概念、参数化设计的特点、参数化设计的应用范围，以及参数化建模软件的安装等相关知识。

1.1　参数化设计和 Grasshopper

1.1.1　什么是参数化设计

参数化设计是建筑设计的一个重要思想，其分为两个部分：参数化图元和参数化修改引擎。建筑设计中的图元都是以构件的形式出现，这些构件之间的不同，是通过参数的调整反映出来的，参数保存了图元作为数字化建筑构件的所有信息。

参数化修改引擎提供的参数更改技术，使用户对建筑设计或文档部分做的任何改动都可以自动在其他相关联的部分反映出来，采用智能建筑构件、视图和注释符号，使每一个构件都通过一个变更传播引擎互相关联。

构件的移动、删除和尺寸的改动所引起的参数变化，会引起相关构件的参数产生关联的变化，任一视图下所发生的变更都能参数化地、双向地传播到所有视图，以保证所有图纸的一致性，无须逐一对所有视图进行修改，从而提高了工作效率和工作质量。如图 1-1 所示为参数化设计的复杂曲面模型。

图 1-1　参数化设计的复杂曲面

1.1.2　参数化建模与手工建模

目前三维手工建模软件品种繁多，功能强大，几乎到了无所不能的程度。由于其建模方法的局限(基本都是基于网格)，仍然存在着精度不高、后期修改不便等难以克服的缺陷，不能做到"包打天下"，在某些领域无法胜任。

　　如图 1-2 所示的圆圈阵列，其中包含复杂但有规律的半径比例变化。这样的图形采用手工建模软件几乎无法制作，即使能做也费时费力，而且无法编辑修改。而采用 Grasshopper 之类的参数化建模软件绘制这样的图形则十分便捷，且事后的修改编辑十分灵活方便。

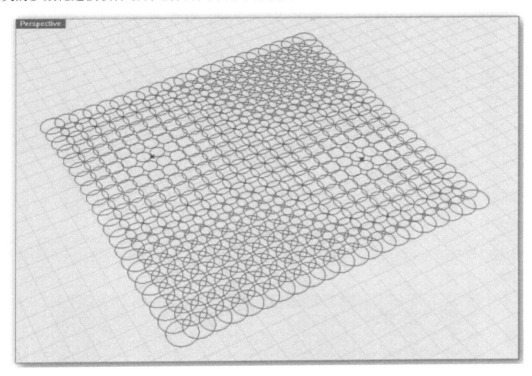

图 1-2　Grasshopper 制作的圆圈阵列

　　如图 1-3 所示为上述圆圈阵列的 Grasshopper 编辑界面，只使用了十几个运算器即可实现复杂的阵列效果，而且很多运算器都是可调的，因此后期的编辑将极为方便且变化丰富。

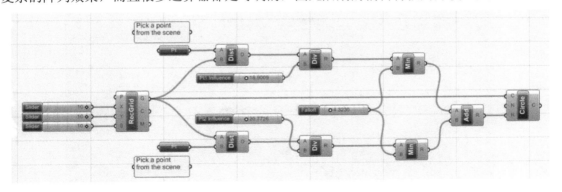

图 1-3　圆圈阵列的 Grasshopper 文件

　　上面的例子还是平面的，如图 1-4 所示为王奕修先生采用 Grasshopper 所做的球面上的相切圆镶拼模型，如采用手工建模软件实现会更加困难。

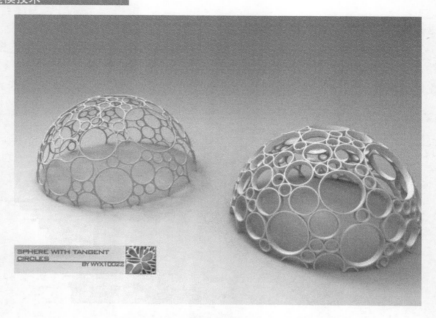

图 1-4　相切圆球面拼嵌(王奕修创作)

如图 1-5 所示为王奕修先生的另一件 Grasshopper 作品，充分体现了参数化建模软件的强大功能。

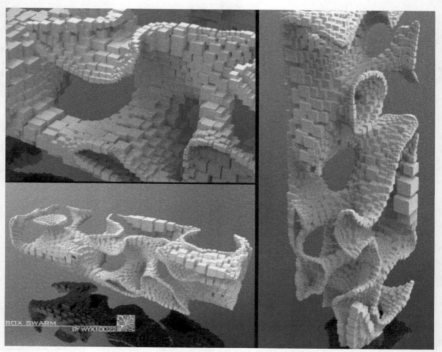

图 1-5　立方体复杂阵列(王奕修创作)

凡是涉及规律性复杂阵列、扭曲、变形的图形或模型制作，通常都是参数化大显身手的领域。如图 1-6 和图 1-7 所示为另外两个典型参数化建模案例。

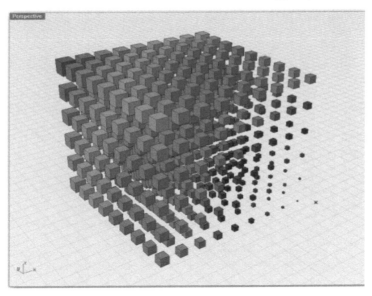

图 1-6　参数化建模案例(1)

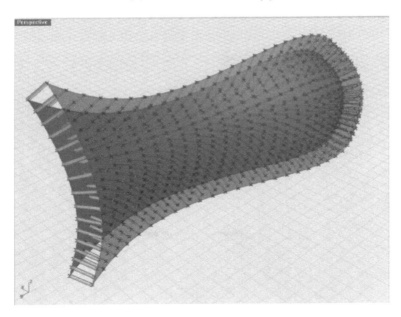

图 1-7　参数化建模案例(2)

1.1.3　什么是 Grasshopper

　　Grasshopper(简称 GH)是一款在 Rhino 环境下运行的参数化建模插件。它可以完整记录起始模型和最终模型的建模过程，从而达到通过简单改变起始模型或相关变量就能改变模型最终形态的效果。当方案逻辑与建模过程联系起来时，Grasshopper 可以通过参数的调整直接改变模型形态。如图 1-8 所示为 Grasshopper 创作的作品。

5

图 1-8　Grasshopper 作品

1.1.4　Grasshopper 的运用

Grasshopper 目前主要被运用于建筑外观设计、家具设计、工业产品设计、艺术品设计等领域。如图 1-9 至图 1-12 所示为 Grasshopper 在建筑设计和工业设计领域的一些应用案例。

图 1-9　Grasshopper 建筑设计

图 1-10　Grasshopper 建筑外观设计

图 1-11　Grasshopper 创建的桥梁

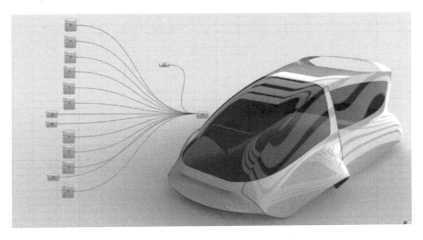

图 1-12　Grasshopper 汽车设计

当今，3D 打印技术的发展如火如荼，3D 打印对于三维建模技术具有极高的依存度。Grasshopper 是参数化设计软件，能更加方便地创作出复杂曲面，而且便于修改，它已经受到了很多三维艺术家的青睐。三维艺术家使用 Grasshopper 创作出了大量优秀的 3D 打印作品。如图 1-13 和图 1-14 所示为 Grasshopper 建模并 3D 打印的作品。

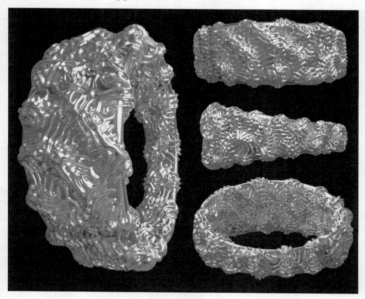

图 1-13　Grasshopper 建模的 3D 打印作品

图 1-14　Grasshopper 建模的 3D 打印作品

时装设计也是较早引入参数化建模和 3D 打印技术的领域。参数化建模软件可以轻松地表现计师的奇妙想法，通过 3D 打印技术，创作出来的时装不拘一格、新奇美妙，完全突破了传统时装在空间和材料上的限制，成为时装中的一枝奇葩。如图 1-15 和图 1-16 所示为参数化建模和 3D 打印的时装作品。

图 1-15　3D 打印时装表演(1)

图 1-16　3D 打印时装表演(2)

未来社会将是 3D 打印和智能制造的社会，以 Grasshopper 为代表的参数化建模软件必将获得更大的发展。

1.2　Grasshopper 的下载和安装

目前，Grasshopper 插件为官方免费下载，前提是用户必须在计算机中首先安装 Rhino 主程序，目前主流的 Rhino 版本为 5.0。

1.2.1　Grasshopper 的下载

要安装 Grasshopper，用户可到 Grasshopper 官方网站上免费下载。在浏览器地址栏中输入网址 http://Grasshopper.rhino3d.com，打开 Grasshopper 主页，单击页面左上角的...download now(现在下载)链接，如图 1-17 所示。

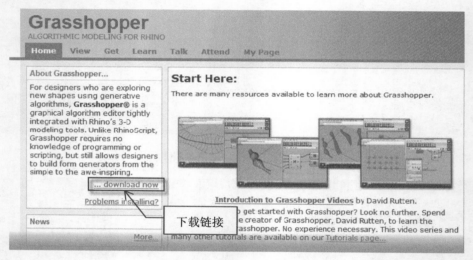

图 1-17　Grasshopper 主页上的下载链接

进入下一个页面，输入电子邮件地址，单击 Next 按钮，如图 1-18 所示。

图 1-18　输入电子邮件页面

打开下载页面，在"下载 Now"按钮上右击，选择快捷菜单中的"目标另存为"命令，如图 1-19 所示。

图 1-19　Grasshopper 下载页面

选择保存位置(注意，本程序不能保存在网络地址后安装，文件必须存到本地磁盘中)，最后将可执行文件保存到该地址，如图 1-20 所示。

图 1-20　Grasshopper 下载对话框

1.2.2　Grasshopper 的安装

Grasshopper 插件下载完成之后，在其下载目录中双击 Grasshopper 安装文件图标，打开"Rhino 套装安装程序"对话框，单击"下一步"按钮开始安装，如图 1-21 所示。

图 1-21　Grasshopper 的安装

安装结束后将出现安装完成的提示，如图 1-22 所示。

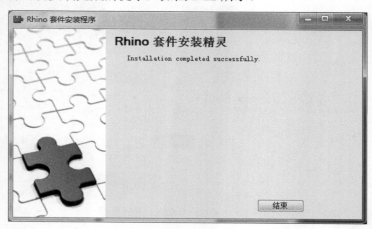

图 1-22　安装完成提示

1.3　打开 Grasshopper 和 Grasshopper 的界面

1.3.1　Grasshopper 的加载

在 Rhino 的命令栏提示符后输入 Grasshopper 并按 Enter 键，将启动 Grasshopper，如图 1-23 所示。

图 1-23　命令行输入

启动画面上显示了版本和版权信息，笔者所使用的版本是 2014 年 8 月开发的 0.9.76.0 版本，如图 1-24 所示。

图 1-24　Grasshopper 启动画面

启动完成后，将打开 Grasshopper 主窗口，如图 1-25 所示。

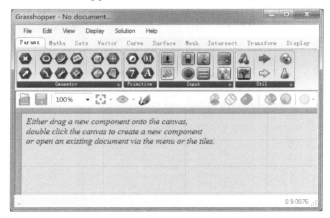

图 1-25　Grasshopper 主窗口

1.3.2　Grasshopper 的界面

Grasshopper 的主窗口如图 1-26 所示，包括了标题栏、菜单栏、文件浏览控制器、运算器面板、工作区、状态栏等，其中大部分对于 Rhino 用户而言是非常熟悉的。

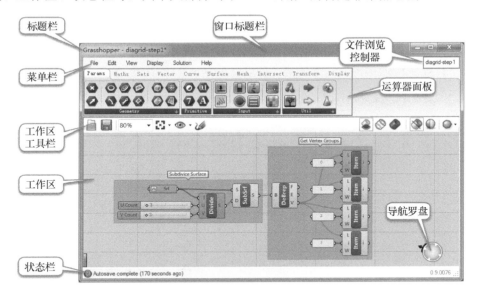

图 1-26　Grasshopper 界面分布

1．菜单栏

主菜单和 Windows 的经典菜单非常相似。

2．文件浏览控制器

用户可以通过这个下拉菜单(文件浏览控制器)在已经载入的不同文件间快速切换，如

图 1-27 所示。

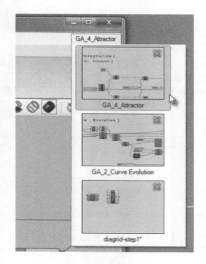

图 1-27　文件浏览控制器

3．运算器面板

运算器面板里包括了所有的运算器目录。各个运算器都在相应目录中(如 Params 目录里是所有原始数据类型，而 Curves 中是所有相关的曲线)，而且各个目录都可以在工具栏面板里找到。工具栏的高度和宽度都是可以更改的，以适应不同数量的按钮。

工具栏面板里包含了所有目录中的运算器。由于有一些运算器并不是常用的，所以在工具栏面板中只显示最近用的几个运算器。若要看到所有的运算器，可以单击面板下方的按钮，将全部按钮展开，如图 1-28 所示。

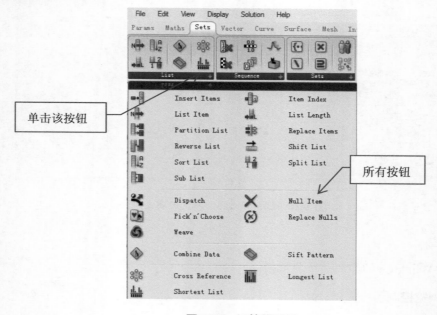

图 1-28　运算器面板

运算器面板中的按钮无法通过单击来放置到工作区中，必须使用鼠标将其拖动到工作区中，如图 1-29 所示。

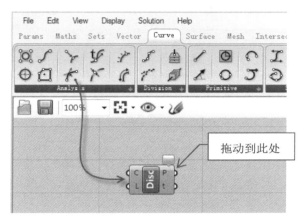

图 1-29　运算器按钮的调用

用户还可以在工作区中双击，此时会弹出一个搜索框，在该文本框中输入关键词即可查找运算器，如图 1-30 所示。

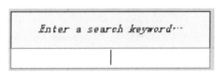

图 1-30　运算器搜索框

4．窗口标题栏

编辑器的窗口标题栏与常见的 Windows 窗口的使用方法不同。如果窗口没有最小化或最大化，双击标题栏会收起或展开该窗口，如图 1-31 所示。这是一个在 Rhino 和插件间切换的好办法，因为这样不需要把窗口移到屏幕最下方或者在其他窗口的后面就可以直接最小化窗口。

图 1-31　窗口收起之后的情形

> **注　意**
>
> 如果用户关掉了编辑器，Grasshopper 的预览窗口会在视图中消失，但它并不是真的被关闭了，下一次输入 Grasshopper 的命令时，该窗口及其数据和装载的文件会重新出现。

5．工作区

工作区是供用户定义及编辑各物件关联的编辑器。工作区里包括所有关联的对象和用户

界面工具。工作区上的对象通常根据它们的性质以不同颜色显示，如图 1-32 所示。

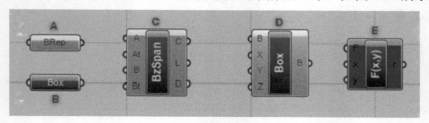

图 1-32　各种颜色的运算器图标

不同颜色的运算器含义如下。

- A 参量：设定中出现了问题或警告的参量将会以橘色方盒子的形式呈现。大多数被拖进工作区里的参量由于没有进行数据定义都将显示为橙色。
- B 参量：没有错误和警告的参量(即正常参量)。
- C 运算器：运算器是一个较复杂的对象，因为它连接了输入和输出的参量。图 1-32 中所示的运算器至少有一个关联的错误。用户可以根据各个对象间的关系找出错误和警告所在。
- D 运算器：没有错误和警告的运算器。
- E 运算器：至少存在一个错误的运算器。错误可能来自运算器本身或者其所连接的输入/输出参量。在接下来的章节中会对运算器的结构有更多的介绍。

所有被选中的对象将会以绿色呈现，如图 1-33 所示。

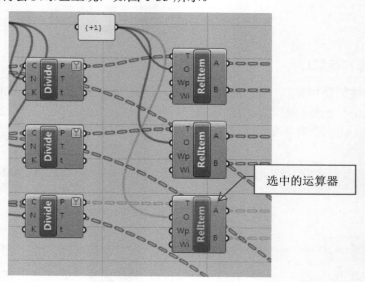

图 1-33　选中的运算器呈现绿色

6. 工作区工具栏

工作区工具栏提供了常用功能的快捷方式。通过菜单也可使用所有的工具，而且用户可以根据自己的喜好选择隐藏工具栏(它可以在 View 菜单中重新激活)，如图 1-34 所示。

图 1-34　工作区工具栏

1.4　运算器详解

1.4.1　运算器的构成

所谓运算器，就是一个包含一段代码的工具包，左端为输入端，需要按照要求输入相应的数据参数，结果由代码处理后生成所需要的数据，即输出端。

运算器通常需要数据来进行活动，并产生一个相应的结果，这就是为什么大多数运算器都有一系列的参数，包括相应的输入参数和输出参数。输入参数位于左边，输出参数位于右边，如图 1-35 所示。

图 1-35　运算器的组成

- A：分类运算器的 3 个输入参数。默认情况下参数名称都是英文缩写。
- B：分类运算器区域(通常含有运算器的名称)
- C：分类运算器的 3 个输出参数

当光标停留在运算器项目的不同部分时，会看到不同的工具条用以说明此位置的特定项目类型。工具条同时显示其类型以及个体参数的数据。

1.4.2　运算器信息

把光标放在运算器 B 区域上的时候，会弹出一个说明框，介绍该运算器的用法和用途。如图 1-36 所示为 Line 运算器的说明。

如果把光标放在运算器不同的端口上时，也会弹出该端口的说明框。如图 1-37 所示为 Line 运算器 3 个端口的说明框。

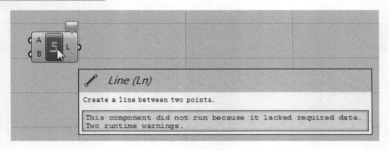

图 1-36　运算器说明框

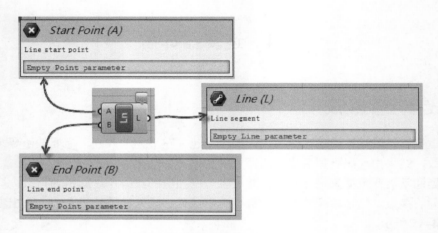

图 1-37　各端口的说明框

1.4.3　运算器和参数

Grasshopper 由多种不同的项目组成，但一开始只需熟悉其中两种。

- Parameters 参数；
- Components 运算器。

参数包含数据——存储信息，运算器包含动作——处理信息。如图 1-38 所示为在 Grasshopper 关联中可能遇到的一些项目。

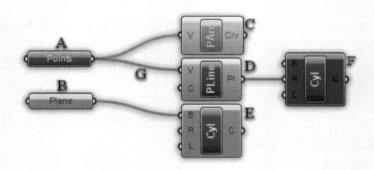

图 1-38　可能遇到的项目

- A：包含数据的参数。如果其左边没有连接线，说明没有从任何地方获得数据。带有横向字体的细黑模块说明参数没有错误或警告。
- B：未包含数据的参数。在关联过程中任何不含数据的项目只会浪费时间和金钱，因而所有数据(一旦被添加)都将显示为橙色用以说明不包含任何数据，并且对输出结果不起作用。一旦参数接受或关联其他数据，就会变为黑色。
- C：已选运算器，显示为绿色。
- D：正常运算器。
- E：含警告的运算器。大多情况运算器都有大量输出参数和输入参数，因而无法清楚地得知哪个项目使其产生警告，也可能是产生若干个警告。因此需要通过扩展菜单追查问题所在。

注　意

有的问题不一定要全部解决，也许是正常情况下产生的。

1.4.4　运算器图标的显示

默认情况下，工作区中的运算器都显示为英文缩写，输入和输出端口都以一个英文字母来表示，如图 1-39 所示。

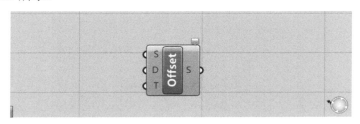

图 1-39　运算器的英文显示模式

在 Display(显示)菜单下，选择 Draw Icons(画 Icons)命令，如图 1-40 所示。

图 1-40　Draw Icons 命令

设置之后，运算器上将显示图标，如图 1-41 所示。

程序命令的显示都是以英文缩写的形式，初学者在使用时不能直观地看出来是什么意思，如图 1-42 所示。

解决方案：在 Display(显示)菜单中，执行 Draw Full Names(绘制全名)命令，如图 1-43 所示。

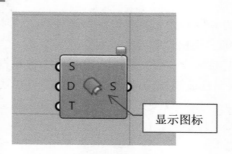

图 1-41　运算器的图标显示模式

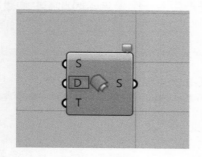

图 1-42　英文缩写

图 1-43　Draw Full Names 命令

执行命令过后，缩写命令都转变为英文全名，如图 1-44 所示。

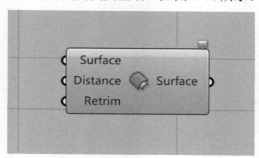

图 1-44　显示英文全名

1.4.5　运算器的数据管理

　　参数是用来储存信息的，但参数可以用来储存两种不同类型的数据：动态数据和静态数据。动态数据是从一个或者多个参数上继承而来，一旦一个新的运算开始时即被删除。静态数据是一种特殊的被用户自定义的数据。每当一个参数被连上一个目标之后，静态数据将被忽略而不是被删除。

　　静态数据可以从菜单中取出，并且根据不同参数有不同的操作。以 Vector 参数为例，则允许在菜单里设定一个和多个向量。

　　下面来看看默认的 Vector 参数是怎样变换的。一旦把它从运算器面板拖曳至工作区上，将看到如图 1-45 所示的变化。

这个参数是橘色的，表示警告。没有关系，它在这里只是告诉用户这个参数是空的(不包含静态数据，也没有和动态数据相连接)，因此也不影响结果和过程。这种参数的菜单提供两种设定静态数据的方法，即 Single 和 Multiple，如图 1-46 所示。

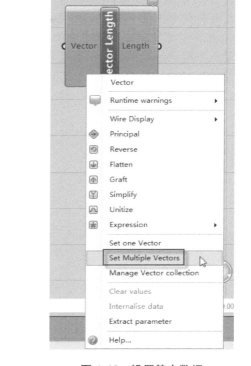

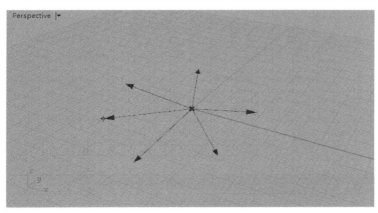
（图1-45位于左侧）

图 1-45　Vector 参数　　　　　　　　　图 1-46　设置静态数据

一旦单击这些选项中的任意一个，Grasshopper 的操作窗口将消失，同时会让用户在 Rhino 窗中拾取一个向量，如图 1-47 所示。

当用户定义完所有需要的向量之后，按 Enter 键，它们将成为参数静态数据的一部分。这意味着参数现在已经不是空的并且从橘黄色变为灰色，如图 1-48 所示。

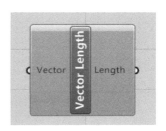

图 1-47　拾取向量　　　　　　　　　　图 1-48　参数变为灰色

本章小结

　　参数化建模是最近几年出现的一种全新的建模方式。相对于传统的手工建模，这种建模方法有其独到的概念和操作，看似和手工建模差别很大，但又离不开手工建模的基础。Grasshopper 是基于 Rhino 的一个参数化建模插件，很多运算器的功能与 Rhino 是相近的，所以要学好 Grasshopper 一定要重视 Rhino 的学习，因此建议读者先把 Rhino 的基础打好，再来学习参数化建模软件。

第 2 章

Grasshopper 初步

内容提要:

- 点的绘制
- 曲线和样条线的绘制
- 数据匹配
- 一个简单的案例——水波纹的制作

本章从 Grasshopper 最基本的点的创建和编辑开始，详细讲解 Grasshopper 的初步知识，包括曲线的创建和一些有用的运算器知识。

2.1 从点的绘制开始

点是 Rhino 建模的最基本单位，本节从点的绘制开始，学习如何绘制一个点，并控制其位置和相关参数。

2.1.1 点的创建

在 Grasshopper 中，用户可以使用不同的方法完成同一件工作。下面从创建点开始，并用若干个点控制曲线。

激活 Vector 标签面板，单击 Construct Point 按钮，将其拖动到工作区中，创建 Pt 图标，如图 2-1 所示。

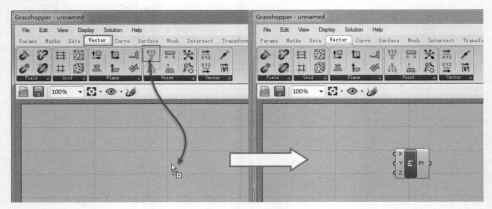

图 2-1　创建"点"

视图中原点位置出现一个点，如果在 GH 中未选中 Pt 图标时(显示为灰色)，点在视图中显示为深红色。选中 Pt 图标(呈现为绿色)时，则视图中的点显示为绿色，如图 2-2 所示。

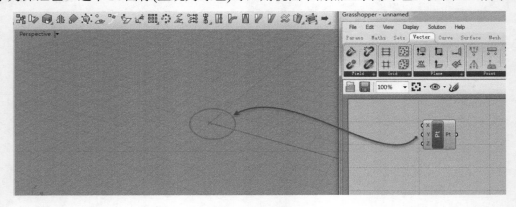

图 2-2　视图中的点

2.1.2　创建滑块运算器

激活 Params 标签面板，单击其中的 Number Slider 按钮，将其拖动到工作区中，创建一个 Slider 运算器图标，如图 2-3 所示。

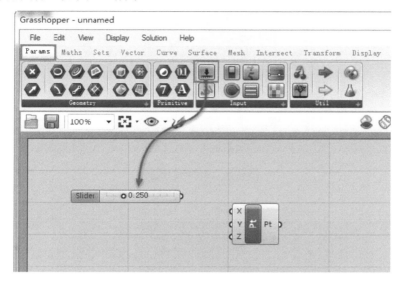

图 2-3　创建 Slider 图标

单击 Slider 右侧的输出端口并拖动，此时会出现一条虚线，将光标移动到 Pt 左侧的 X 输入端口上释放鼠标，将会在 Slider 和 X 之间形成一条连线，同时该图标的名称也变更为 X coordinate，如图 2-4 所示。

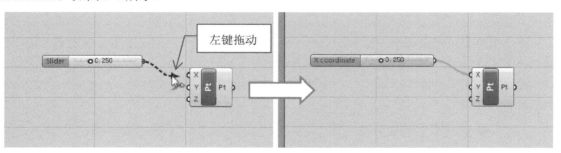

图 2-4　连接 X 轴

在 X coordinate 运算器上，将光标放在右侧标尺上的白点状滑块上，光标将变为双向箭头，左右拖动即可设置参数，默认的范围是 0～1。在拖动滑块时，视图中的点将沿 X 轴同步移动，如图 2-5 所示。

　　操作提示：用户也可以在滑块区域双击，使其成为键盘输入状态，输入数值后单击右侧的绿色对钩按钮，如图 2-6 所示。

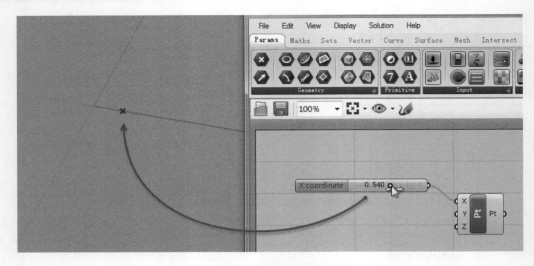

图 2-5　点的同步控制

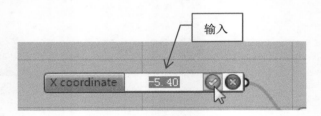

图 2-6　键盘输入数值

2.1.3　滑块运算器的复制

滑块运算器可以像模型一样进行复制，选中 2.1.2 节创建的 X coordinate 运算器，按快捷键 Ctrl+C 和 Ctrl+V 即可复制出一个滑块运算器。

再将复制出来的滑块运算器与 Pt 运算器的 Y 轴连接起来，成为 Y coordinate，如图 2-7 所示。

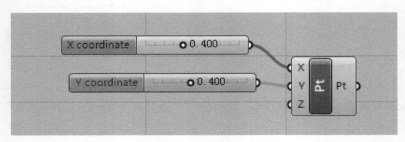

图 2-7　创建 Y 轴连接

采用同样的方法，复制一个运算器，再将 Z 轴也连接起来，如图 2-8 所示。

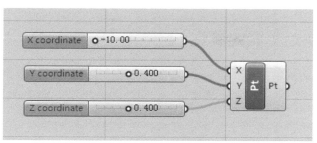

图 2-8　创建 Z 轴连接

除了使用快捷键 Ctrl+C 和 Ctrl+V 复制运算器之外，用户还可以用鼠标左键按住需要复制的运算器，再按 Alt 键，光标的右上角会出现一个□号，表示在原位已经复制出一个运算器，接着把运算器拖动到合适位置即可，如图 2-9 所示。

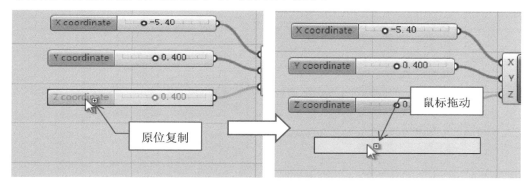

图 2-9　另一种复制方法

同时按 Ctrl 和 Alt 键，然后单击运算器图标，会出现创建位置提示，如图 2-10 所示。这一点对于初学或自学者十分有利，否则，想在数百个运算器中迅速找到其创建位置是件不容易的事情。

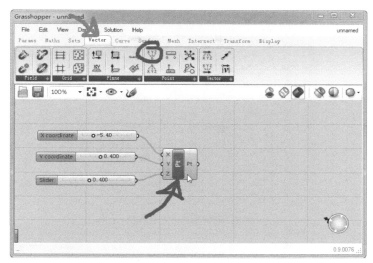

图 2-10　运算器创建位置提示

2.1.4　编辑滑块运算器的属性

在 X coordinate 运算器上右击，在弹出的快捷菜单中选择 Edit 命令，将打开 Slider 对话框，如图 2-11 所示。

操作提示： 在运算器名称上双击也可以打开 Slider 对话框。

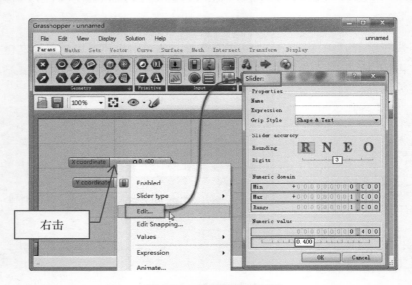

图 2-11　编辑属性对话框

Slider 对话框中包括各种设置，如名称、表达式、样式、滑块精度控制和取值范围等的设置，如图 2-12 所示。

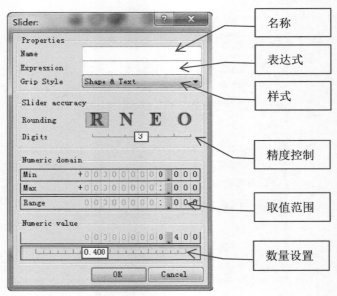

图 2-12　Slider 对话框的功能

参数贴士：

Slider accuracy(滑块精度)中的 R、N、E、O 4 个字母分别代表小数(浮点)、整数、奇数和偶数。

激活为 R 时，可设置参数为小数，小数点后的位数由下方的 Digits 滑块决定；

激活为 N 时，只能将参数设置为整数；

激活为 E 时，只能将参数设置为奇数；

激活为 O 时，只能将参数设置为偶数。

当激活为整数、奇数或偶数之后，如果通过双击滑块区域直接从键盘输入参数，即便是输入了小数，但将被圆整为与其最为接近的整数、奇数或偶数。例如，激活为偶数的情况下，输入 1.8，实际参数将被圆整为 2，如果输入小于 1.5 的数值，则将被圆整为 0。

在 Numeric domain(取值范围)参数栏中可设置取值的最大和最小值。双击 Min，该参数将变为文本框，在文本框中输入新设定的最小值，例如-10，单击右侧的绿色对钩。采用同样的方法，将 Max 的数值设为 10，结果如图 2-13 所示。

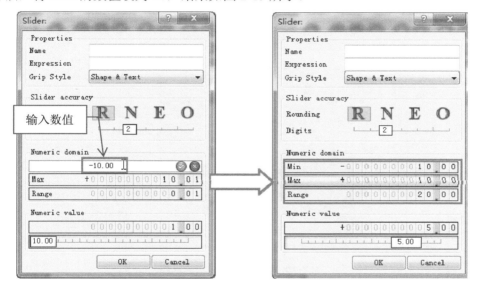

图 2-13　设置取值范围

单击 Slider 对话框底部的 OK 按钮，关闭对话框，回到工作区，用户可以看到 X coordinate 运算器的取值范围已经变更为-10～10，如图 2-14 所示。

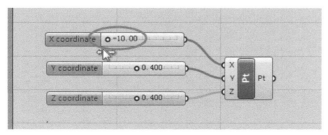

图 2-14　取值范围的变更

2.2 曲线和样条线的绘制

上一节已经讲解了点的绘制，但是要绘制线条只有一个点显然是不够的。本节将继续点的创建，进而创建、编辑直线和样条线。还将介绍一个十分常用的从点创建样条线的 Line 运算器。

2.2.1 绘制另一个点

绘制曲线至少需要两个点，2.1 节已经详细讲解了一个点的创建，另一点的绘制就容易多了。首先，从 Vector 面板拖动一个 Pt 运算器到工作区，再将第一个点的 3 个坐标滑块控制，复制出一组，如图 2-15 所示。

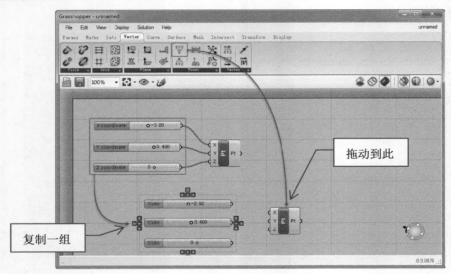

图 2-15　创建 Pt 和滑块运算器

将 3 个坐标滑块和刚创建的 Pt 运算的 X、Y、Z 3 个轴连接起来，3 个滑块的参数设置与原来的有所不同，此时视图中将出现两个点，如图 2-16 所示。

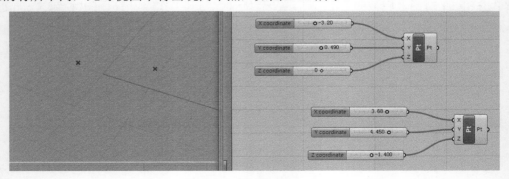

图 2-16　视图中将出现两个点

2.2.2　创建 Line 运算器

将两个点连接起来成为样条线，需要再创建一个运算器。在 Curve 标签面板，将 Ln 运算器拖动到工作区中，如图 2-17 所示。

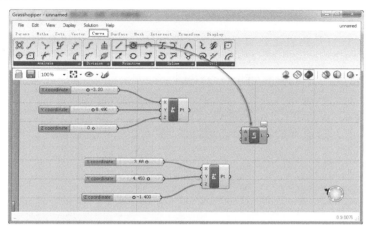

图 2-17　创建样条线运算器

2.2.3　创建样条线

将两个点的输出端口与样条线运算器的 A、B 两个端点的输入端口连接起来，视图中两点间生成一条连线，如图 2-18 所示。

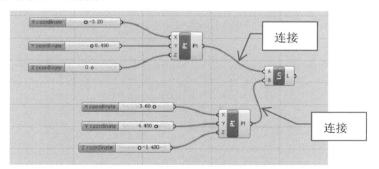

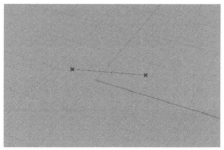

图 2-18　创建两点一线

直线创建好之后，只需要拖动坐标滑块，用户就可以方便地调整直线两个端点的坐标位置，从而编辑直线。

2.3　数 据 匹 配

本节讲解如何进行数据匹配，如何合并列表、从一个组件创建多重对象。

2.3.1　如何用两个滑块控制一个属性

如果用鼠标拖动 Slider 滑块运算器到一个已经做过连接的输入端口上，光标右下方的箭头呈现灰色，连接上之后原有的连接将会被打断，只有最近一次做的连接可以成功，如图 2-19 所示。

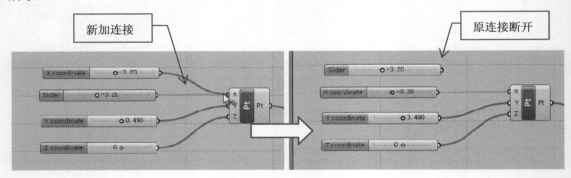

图 2-19　创建连接具有排他性

如果在按住 Shift 键的同时，用鼠标拖动进行连接，光标右下方会出现的箭头为绿色，表示可以连接，如图 2-20 所示。

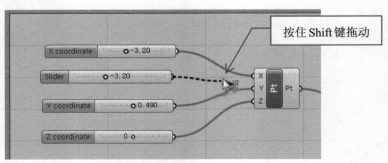

图 2-20　按住 Shift 键拖动

连接完成的结果如图 2-21 所示，两个滑块运算器同时连接给 X 轴。

如果把两个滑块 X 轴的参数设置为不同的值，视图中的点将会一分为二，两个点的 X 轴坐标分别受到两个滑块的控制，如图 2-22 所示。

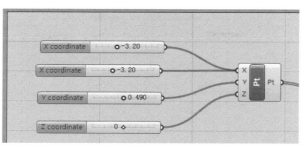

图 2-21　两个滑块同时连接

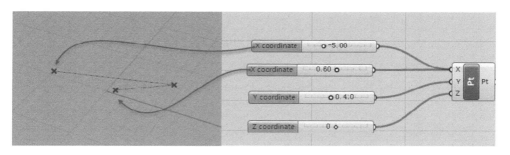

图 2-22　点被一分为二

2.3.2　创建 Panel 运算器

清空 GH 工作区，只留下 Pt 运算器。在 Params 标签面板中，按住鼠标左键将 Panel 运算器拖动到工作区中，如图 2-23 所示。

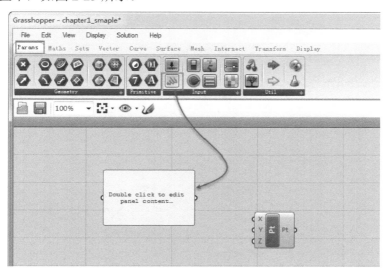

图 2-23　创建 Panel 运算器

在 Panel 图标上右击，在弹出的快捷菜单中选择 Edit Notes 命令，将打开 Panel Properties 对话框，如图 2-24 所示。

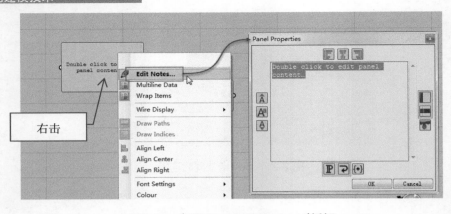

图 2-24　打开 Panel Properties 对话框

在 Panel Properties 对话框的文本输入区域输入 1，按 Enter 键后输入 2，再用相同的办法输入 3 和 4，最后单击对话框下方的 OK 按钮，Panel 图标居中位置将显示 4 个数字，如图 2-25 所示。

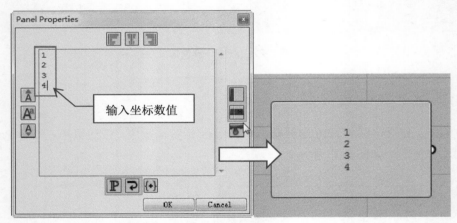

图 2-25　输入坐标数值

在 Panel 图标上右击，在弹出的快捷菜单中选择 Multiline Data 命令，图标将变为多线表格形式，如图 2-26 所示。

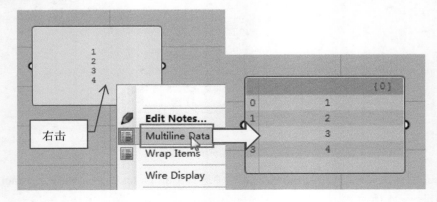

图 2-26　改变样式

将上一步创建的 Panel 运算器复制出一个，如图 2-27 所示。

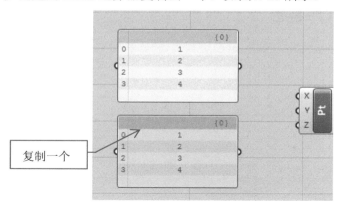

图 2-27　复制一个 Panel

将两个 Panel 运算器分别于 Pt 的 X 和 Y 轴连接起来，结果在视图中出现了 4 个点。4 个点的坐标分别由两个运算器的参数决定，如图 2-28 所示。

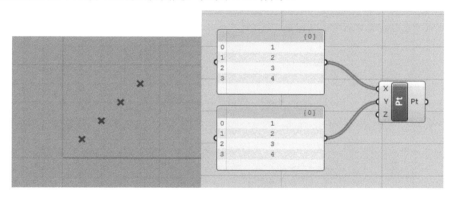

图 2-28　出现 4 个点

如果在与 X 轴连接的 Panel 运算器中再增加 3 个数值，如 5、6 和 7，视图中将新增加 3 个点，新增的 3 个点沿 X 轴横向排列，因为它们的 Y 轴坐标都为 4，如图 2-29 所示。

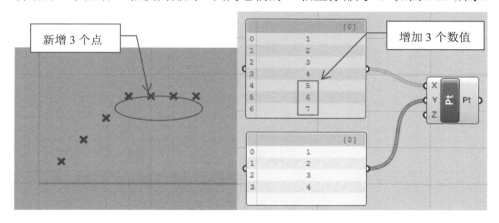

图 2-29　新增 3 个点

2.3.3 Shortest List 运算器

在 Sets 标签面板中，拖动 Shortest List(最短列表)运算器到工作区中，产生一个 Short 图标，如图 2-30 所示。

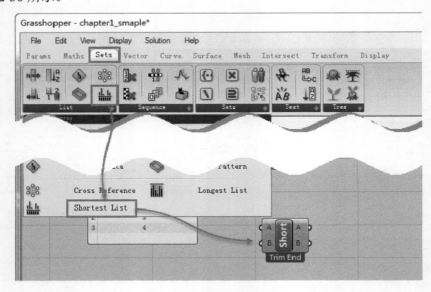

图 2-30 创建 Short 运算器

将两个 Panel 运算器分别与 Short 的 A、B 输入端口建立连接，如图 2-31 所示。

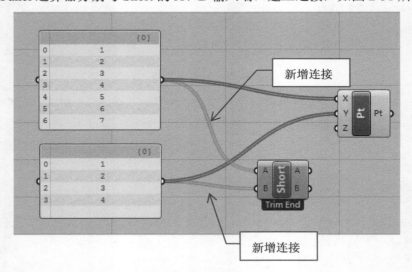

图 2-31 新增两个连接

再将 Short 右侧的 A、B 输出端口分别与 Pt 运算器的 X、Y 坐标建立连接，如图 2-32 所示。

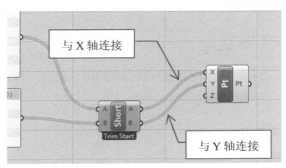

图 2-32　和 Pt 连接

在 Short 运算器中部右击，在弹出的快捷菜单中可以选择 3 种不同的排列方式，分别为 Trim Start、Trim End 和 Interpolate。默认的排列方式为 Trim Start。排列方式将会显示在 Short 图标的底部，如图 2-33 所示。

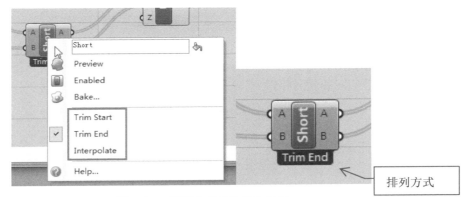

图 2-33　排列方式的选择和显示

3 种排列方式的结果如图 2-34 所示。

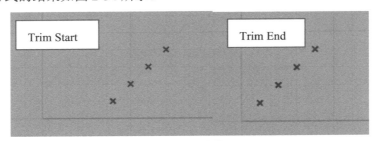

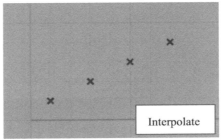

图 2-34　3 种不同点的排列方式

2.3.4 Longest List 运算器

在 Sets 标签面板中，拖动 Longest List(最长列表)运算器到工作区中，产生一个 Long 图标，如图 2-35 所示。

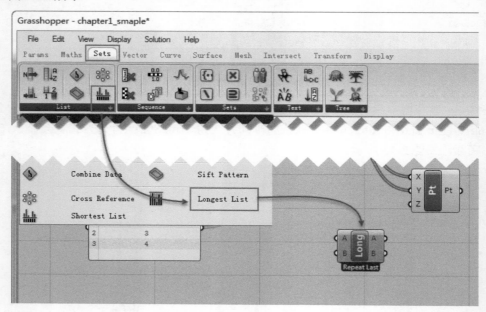

图 2-35 创建 Longest List 运算器

将 Longest 左侧与两个 Panel 连接起来，再将右侧与 Pt 连接的 X、Y 坐标连接起来，结果如图 2-36 所示。

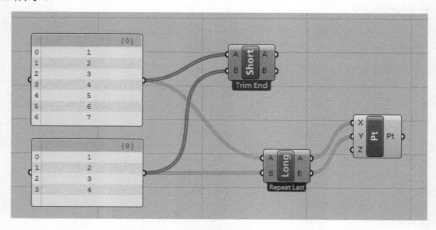

图 2-36 Longest 运算器的连接

接下来，用户可以尝试 Longest 运算器的几种不同排列方式，在右键快捷菜单中有 Repeat First、Repeat Last、Interpolate、Wrap 和 Flip 等几种，如图 2-37 所示。

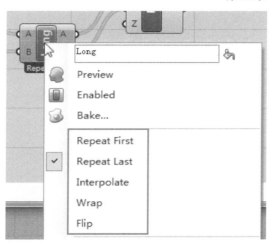

图 2-37　Longest 的排列方式

如图 2-38 所示为几种排列方式的对比。

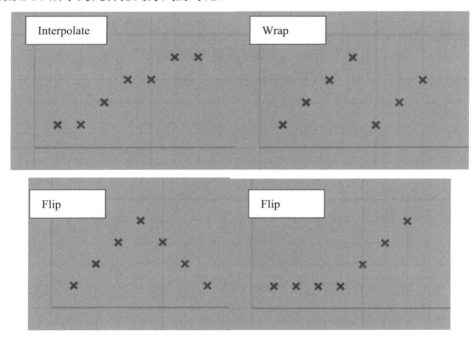

图 2-38　各种排列方式对比

2.3.5　Cross Reference 运算器

在 Sets 标签面板中创建一个 Cross Reference 运算器，将这个运算器左侧与两个 Panel 相连接，右侧与 Pt 相连接，如图 2-39 所示。

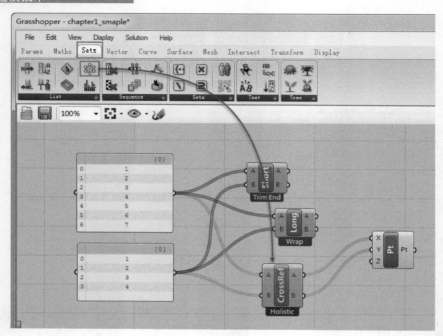

图 2-39　CrossRef 运算器的连接

在右键快捷菜单中，用户可调用各种排列方式，如图 2-40 所示。

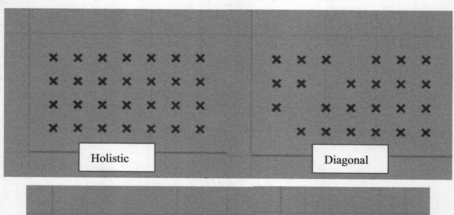

Holistic

Diagonal

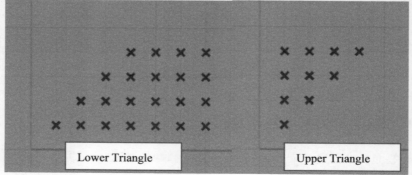

Lower Triangle

Upper Triangle

图 2-40　CrossRef 运算器的各种排列方式

2.4　一个简单的案例——水波纹的制作

整体思路：由点确定射线，为使射线易于变形，将射线打散后赋予三角函数(Sin/Cos 函数)，确定曲线的形状后，旋转成面而成。

这个案例对于初学者来说还是有一定难度的，这里并不要求读者现在就能把最终结果做出来，只是给读者展示一下 GH 的制作步骤，使读者对 GH 的操作有一个感性认识，学完本书的全部内容之后，读者就能很轻松地完成这个案例了。

步骤 1　确定点和射线

确定一个点 P，过该点引一条可调节长度的射线(矢量，有方向)，如图 2-41 所示。

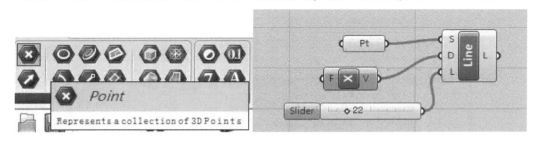

图 2-41　绘制射线

步骤 2　打散成点

为更好地控制直线的变形，通过 Divide Curve(细分曲线)运算器将直线打散成可调节个数的点，如图 2-42 所示。

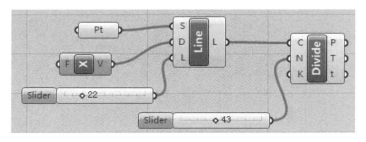

图 2-42　细分曲线的设置

步骤 3　空间点的形成

运用 Transform 菜单下的 Move 运算器，在空间中形成点的排列，如图 2-43 所示。

步骤 4　赋予函数

赋予函数，通过 f(x)=sinx(或 f(x)=cosx)函数，形成可调周期大小和最值范围的三角函数曲线，如图 2-44 所示。

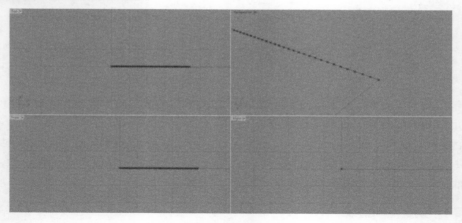

图 2-43　沿直线排列的点

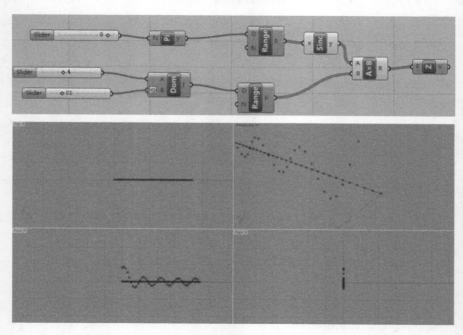

图 2-44　点的函数曲线排列

步骤 5　空间点成线

运用 Curve(曲线)菜单下的 Interpolate(插值)运算器将空间点组成曲线，如图 2-45 所示。

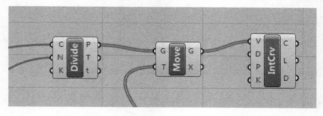

图 2-45　连点成线

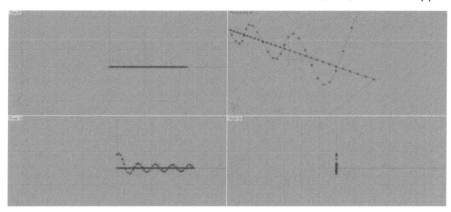

图 2-45　连点成线(续)

步骤 6　空间线成面

运用 Surface(曲面)菜单下的 Revolution（旋转)运算器，使空间点旋转成面，如图 2-46 所示。

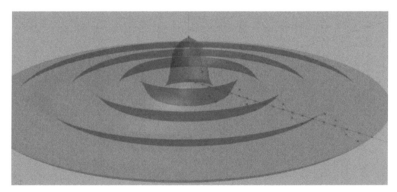

图 2-46　旋转形成水波纹模型

步骤 7　最终效果

GH 工作区的运算器和水波纹模型，如图 2-47 所示。

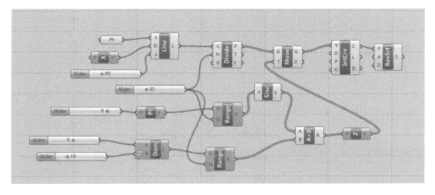

图 2-47　最终完成的水波纹

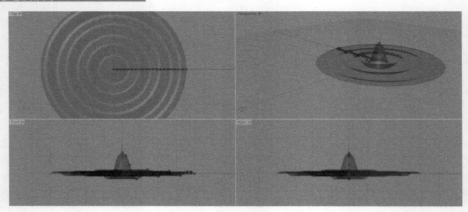

图 2-47　最终完成的水波纹(续)

本章小结

　　本章是 GH 的入门章节，讲解了最基本的点线面绘制方法，最后还列举了一个案例。该案例是为了展示 GH 的建模流程和能力，对于初学者而言还是有相当难度的，如果读者一时无法做出来也没有关系，随着学习的深入，做出这个案例将是水到渠成的事情。

第 3 章

功能和控制

内容提要:

- 在表格中创建多重物体
- 使用数学功能绘制曲线
- 控制和表格
- 变换操作
- 形状图表

在 Grasshopper 中，对模型的编辑和控制是至关重要的一个环节，通过各种控制运算器，可以使模型产生极为丰富的变化。本章将讲解各种控制编辑模型的技法，包括对多重对象的控制、对曲线的控制、对列表的控制等。

3.1　在表格中创建多重物体

采用 Panel 列表同时控制多个对象的属性，高效率地编辑模型，这也是参数化建模相对于手工建模最大的优势所在。

3.1.1　创建系列圆

打开 GH，在工作区创建 3 个运算器，分别是 Curve(曲线)标签面板中的 Circle(圆)，Params(参数)标签面板的 Panel(面板)和 Sets(设置)标签面板的 Series(系列)，如图 3-1 所示。

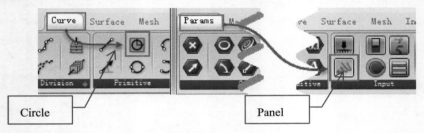

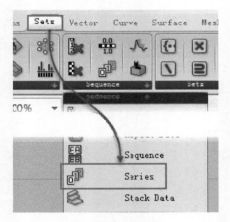

图 3-1　创建 3 个运算器

工作区中将出现 3 个运算器的图标，移动 3 个图标，将它们从左至右排列，视图中的原点位置将出现一个半径为默认值 1 的圆，如图 3-2 所示。

在 GH 工作区，将 Series 运算器与 Panel 运算器相连接，将 Panel 运算器与 Circle 运算器的 R(半径)端口相连接，视图中将生成 10 个圆，半径从 0 到 9，如图 3-3 所示。

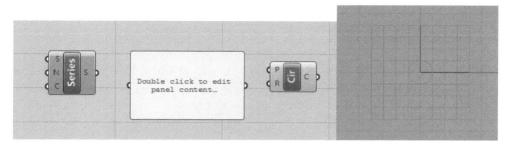

图 3-2　视图中出现一个圆

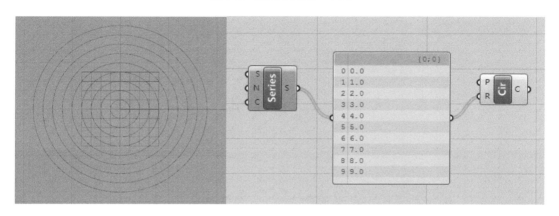

图 3-3　连接运算器产生系列圆

3.1.2　改变系列圆的起点

目前，系列圆的起点半径是 0，这个圆是没有意义的，用户可以将其更改为从半径 1 开始。在 Series 运算器图标左侧右击，在弹出的快捷菜单中选择 Set Multiple Numbers 命令，在弹出的对话框中，将原来的 0 作为起点，更改为 1，最后单击对话框下方的 Commit changes 结束设置。Panel 运算器中的系列圆半径从 1.0 开始，如图 3-4 所示。

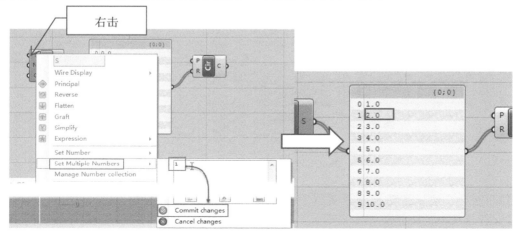

图 3-4　更改系列圆的起点半径

3.1.3　显示系列圆的信息

再创建一个 Panel 运算器，放置到 Cir 运算器的右侧。将 Cir 运算器的 C 端口与新建 Panel 相连接，Panel 运算器上将显示系列圆的信息，如图 3-5 所示。

括弧中的"R: 1.00 mm"的含义为"圆的半径是 1 毫米"。其单位由系统设置决定。

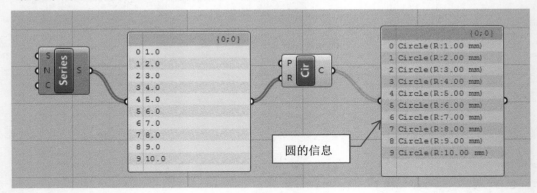

图 3-5　系列圆的半径

3.1.4　动态改变系列圆的半径

在工作区创建一个 Panel 运算器和 Slider 运算器。

将 Panel 运算器的数值设置为 1，将其与 Series 运算器的 S(Start)端口相连接。

将 Slider 运算器与 Series 运算器的 N(Step N)端口相连接。连接完成后，前者的名称将变更为 Step，如图 3-6 所示。

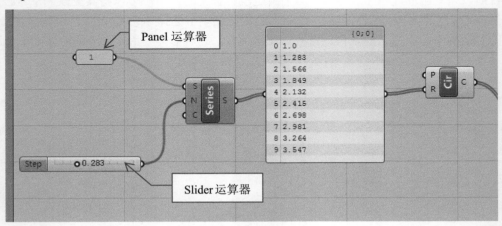

图 3-6　再创建两个运算器

接下来用户可以拖动 Step 运算器中的滑块，动态改变系列圆的半径。

Panel 运算器的参数将决定系列圆半径的起点，如果设置为 2，则系列圆半径的起点将变更为 2，如图 3-7 所示，其余以此类推即可。

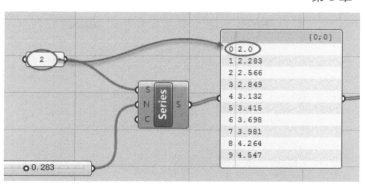

图 3-7 改变系列圆的起点半径

3.2 创建系列直线段

本节介绍采用参数化方法绘制系列直线以及编辑直线形态的方法。将讲解使用 Range 运算器改变系列直线排列方式，加法运算器 Addition 产生阶梯上升效果，和 Reverse List 运算器产生扭曲效果的方法。

3.2.1 直线的创建

新建 GH，在工作区创建 3 个运算器，分别是 Curve 标签面板中的 Line(线)运算器(如图 3-8 所示)和两个 Pt(Construct Point)运算器。

图 3-8 Line 运算器

将两个 Pt 运算器分别与于 Line 运算器的 A、B 端口进行连接，结果如图 3-9 所示。

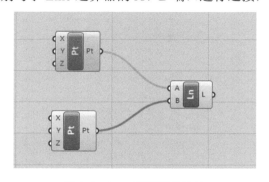

图 3-9 Line 运算器的连接

　　创建一个 Series 运算器，将它的 S 输出端口与两个 Pt 运算器的 X 轴端口连接起来，如图 3-10 所示。

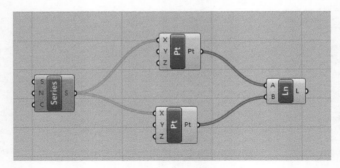

图 3-10　创建 Series 运算器

3.2.2　创建系列直线

　　创建两个 Panel 运算器，数字分别设置为 1 和 10。分别连接到两个 Pt 运算器的 Y 轴输入端口，如图 3-11 所示。

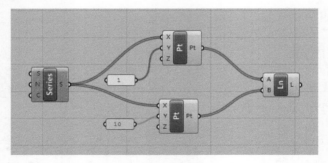

图 3-11　创建 Y 轴的输入

　　视图中将出现 10 条直线，每条线的 Y 轴向上的坐标为(1,10)，每条线的 X 轴方向间距是 1，如图 3-12 所示。

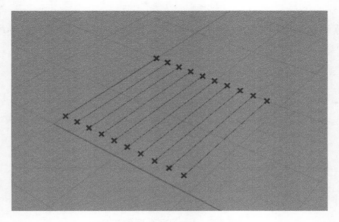

图 3-12　创建 10 条直线

3.2.3　Range 运算器的功用

在 Sets 标签面板的下拉菜单中，加载 Range(范围)运算器到工作区。该运算器用于产生一个数字的变化范围，如图 3-13 所示。

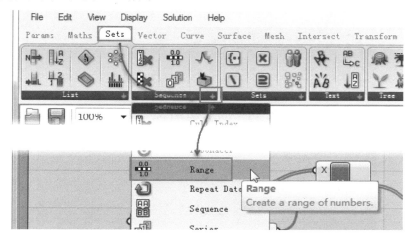

图 3-13　Range 运算器的位置

如果将光标放置到 Range 运算器右侧的 R(Range)字母上，将会出现一个 Range(R) as list 面板，显示其默认的参数范围，从 0.0 到 1.0，如图 3-14 所示。

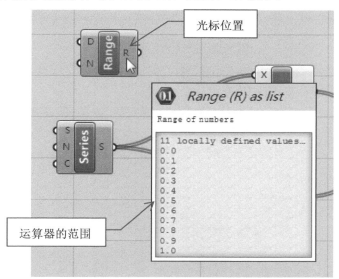

图 3-14　显示运算器取值范围

将 Range 右侧的 R 端口与 Pt 运算器的 Z 轴端口相连接，如图 3-15 所示。

视图中的系列直线的 Z 轴坐标将呈现从低到高的坡状排列，Z 轴坐标从 0 到 1 排列，如图 3-16 所示。

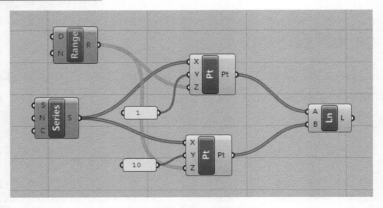

图 3-15　Range 运算器的连接

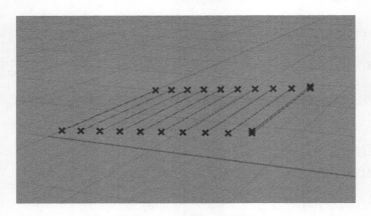

图 3-16　直线的 Z 轴坐标

创建一个 Panel 运算器,将其与 Range 运算器的 R 端口建立连接,Panel 面板中将显示 Range 运算器的取值范围,如图 3-17 所示。

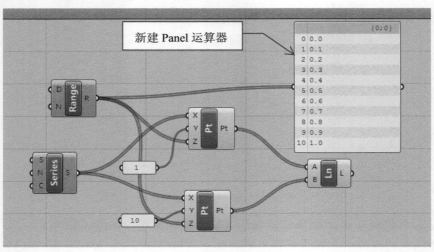

图 3-17　创建一个 Panel 运算器

3.2.4　动态系列线的设置

在工作区中 Series 运算器的左侧创建一个 Slider 运算器,双击左侧的运算器名称,打开 Slider 对话框,设置其 N 的取值范围为 2～20,如图 3-18 所示。

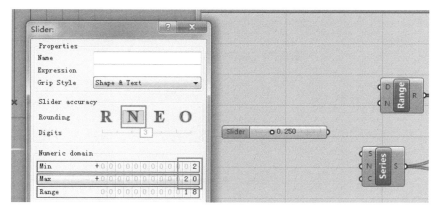

图 3-18　Slider 运算器的设置

将 Slider 运算器分别与 Range 的 N 端口和 Series 的 C 端口连接起来,运算器的名称也变更为 Count,如图 3-19 所示。

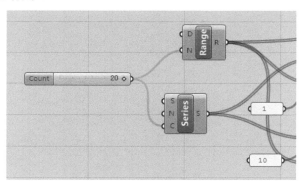

图 3-19　Slider 运算器的连接

拖动滑块可动态创建系列直线,如图 3-20 所示。

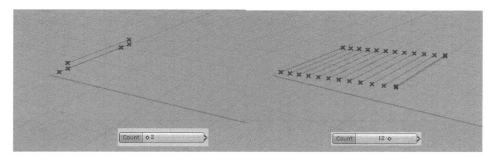

图 3-20　动态创建系列直线

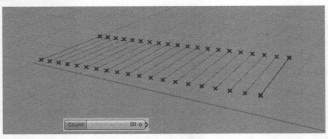

图 3-20　动态创建系列直线(续)

3.2.5　Addition 运算器

在 Maths 标签面板中拖动 Addition(加法)运算器到工作区，创建 A+B 图标。该运算器用于加法运算，如图 3-21 所示。

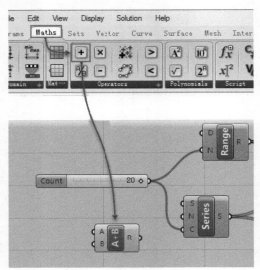

图 3-21　创建 Addition 运算器

将 Slider 运算器与 Addition 的 A 端口相连接，再将 Addition 运算器的 R 端口与 Series 运算器的 C 端口相连接，原来的 Slider 与 Series 的连接将自动断开，如图 3-22 所示。

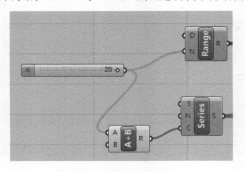

图 3-22　Addition 运算器的连接

在 Maths 标签面板中，将 Construct Domain(构建数字域)按钮拖动到工作区，创建 Dom 运算器，将 Dom 右侧的 I 端口与 Range 的 D 端口相连接。再创建一个 Panel 运算器，参数设为 1，将其与 Addition 运算器的 B 端口连接起来，如图 3-23 所示。

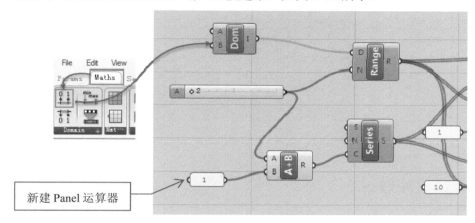

图 3-23　创建两个运算器

再创建一个 Slider 运算器，将其取值范围设置为 0～20，将其与 Dom 的 B 端口连接起来。该运算器的名称将变更为 Domain end，如图 3-24 所示。

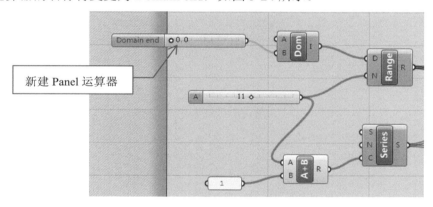

图 3-24　创建新的滑块运算器

拖动滑块，系列直线将产生坡度大小的变化，如图 3-25 所示。

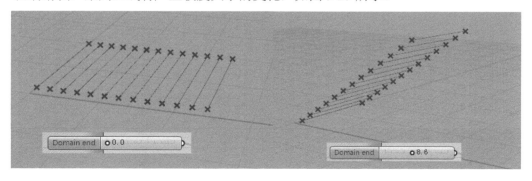

图 3-25　Dom 运算器控制坡度

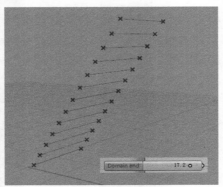

图 3-25　Dom 运算器控制坡度(续)

3.2.6　设置扭曲效果

在 Sets 标签面板，将 Reverse List 运算器拖动到工作区，创建 Rev 运算器图标；该运算器用于翻转列表中的数据。

将 Rev 运算器的 L 端口与 Range 的 R 端口连接，将 L 端口与 Pt 的 Z 端口相连接，如图 3-26 所示。

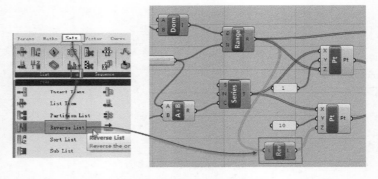

图 3-26　加载 Reverse 运算器

视图中的系列线将呈现相互翻转的扭曲效果，如图 3-27 所示。

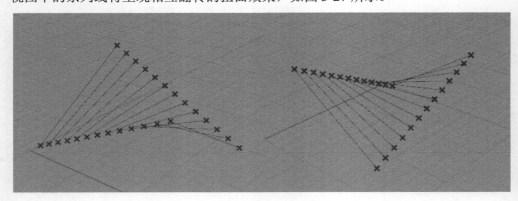

图 3-27　系列线的扭曲效果

3.3　使用数学功能绘制曲线

本节将讲解一个采用数学运算器创建正弦曲线的案例。

3.3.1　创建曲线分布顶点

在 Maths 标签面板，将 Evaluate(评估)拖动到工作区，创建一个 Eval 运算器，如图 3-28 所示。该运算器用于评估表达式和变量。

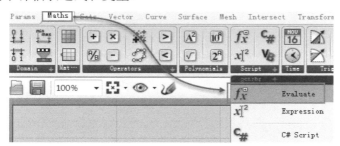

图 3-28　Evaluate 运算器

再创建一个 Range 和两个 Panel 运算器。在一个 Panel 运算器中输入表达式 sin(x)，将这个 Panel 运算器与 Eval 的 F 端口相连接。另一个 Panel 运算器与 Eval 的 r 端口相连接。Range 的 R 端口与 Eval 运算器的 x 端口相连接，结果如图 3-29 所示。

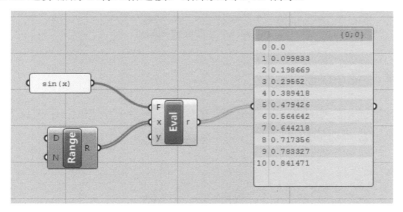

图 3-29　创建 Panel 运算器

创建一个 Domain 运算器和两个 Panel 运算器，将 Dom 的 I 端口与 Range 的 D 端口相连接。将两个 Panel 运算器设置为 10 和-10，并分别于 Dom 的 A 和 B 端口相连接，如图 3-30 所示。

创建一个 Pt 运算器，将 Range 运算器的 R 端口与 Pt 的 X 端口连接起来。Eval 的 r 端口与 Pt 运算器的 Y 端口连接起来。视图中将出现一组呈曲线排列的点，如图 3-31 所示。

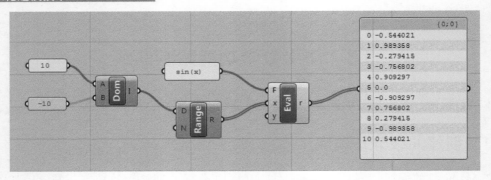

图 3-30　创建 Dom 运算器

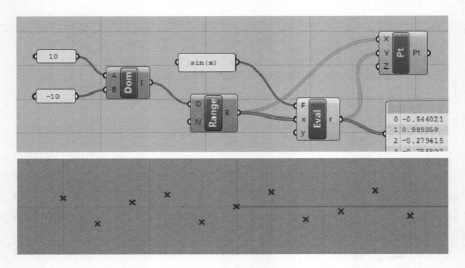

图 3-31　呈曲线排列的点

3.3.2　创建正弦曲线

在 Curve 标签面板，拖动 Interpolate(t)到工作区，创建一个 IntCrv(t)运算器图标。该运算器用于创建与系列点相切的插值曲线，如图 3-32 所示。

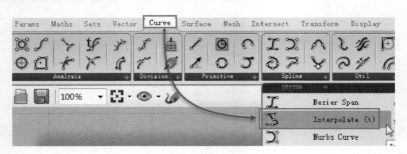

图 3-32　Interpolate 运算器

将 Pt 的右侧端口与 IntCrv(t)运算器的 V 端口相连接，视图中将出现正弦曲线，如图 3-33 所示。

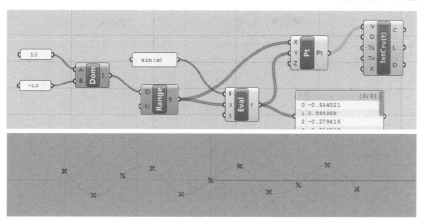

图 3-33　形成正弦曲线

创建一个 Slider 运算器，将其取值范围设定为 5～100。将其与 Range 的 N 端口相连接，如图 3-34 所示。

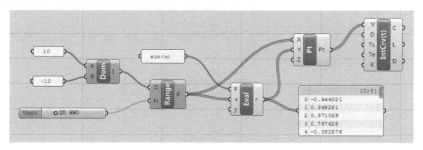

图 3-34　创建 Slider 运算器

拖动滑块可动态改变正弦曲线上的顶点数量，点越多，曲线越光滑，如图 3-35 所示。

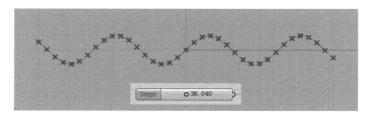

图 3-35　动态控制顶点数量

3.4　控制和表格

3.4.1　创建系列圆

新建 GH，在工作区创建 3 个运算器，分别是 Cir、Pt 和 Series。

将 Pt 右侧端口与 Cir 的 P 端口相连接。

将 Series 右侧的 S 端口与 Pt 的 X 端口相连接，如图 3-36 所示。

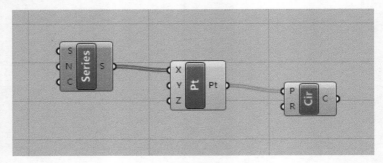

图 3-36　Pt 运算器的连接

视图中出现了一串 10 个圆，如图 3-37 所示。

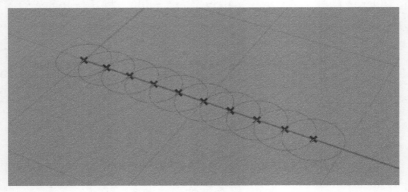

图 3-37　创建 10 个圆

创建两个 Panel 运算器，分别设置为 3 和 5；将取值为 3 的运算器与 Series 的 N 端口相连接；取值为 5 的运算器与 Series 的 C 端口相连接。视图中出现 5 个圆，间距为 3，如图 3-38 所示。

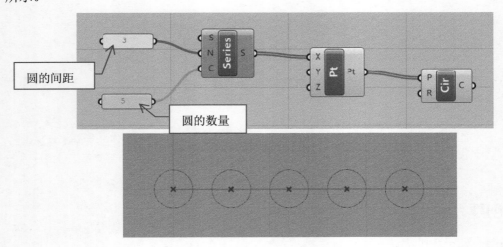

图 3-38　创建 5 个圆

3.4.2 圆圈的挤压

在 Surface(表面)标签面板，将 Extrude(挤出)运算器拖动到工作区，创建 Extr 图标。该运算器用于将平面线框挤压形成管状物体。

在 Vector(矢量)标签面板，将 Unit Z 运算器拖动到工作区，创建 Z 图标，如图 3-39 所示。

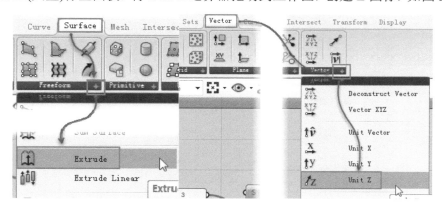

图 3-39　Unit Z 运算器

将 Cir 运算器的 C 端口与 Extr 运算器的 B 端口相连接。Z 运算器的 V 端口与 Extr 运算器的 D 端口相连接，如图 3-40 所示。

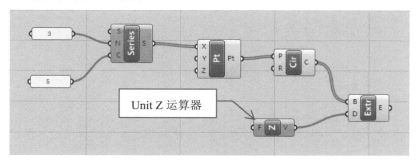

图 3-40　Extr 运算器的连接

视图中的 5 个圆产生了 Z 轴挤压效果，形成了 5 个圆管，圆管的高度为 1，如图 3-41 所示。

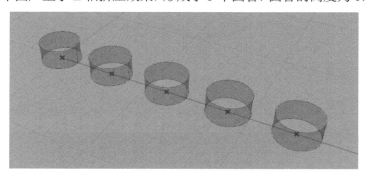

图 3-41　圆圈被挤压出高度

3.4.3　设置挤压高度

创建一个 Panel 运算器，参数设置为 5，将其与 Z 运算器的 F 端口相连接，如图 3-42 所示。

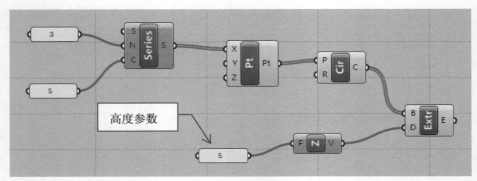

图 3-42　设置圆管的高度

视图中的圆管高度被定义为 5 个单位，这个高度参数是由上一步中的 Panel 运算器决定的，如图 3-43 所示。

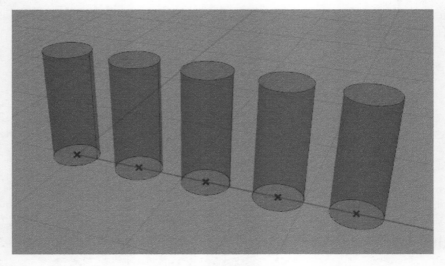

图 3-43　圆管高度为 5

3.4.4　Item 运算器

List Item(列表项目)运算器用于从列表中检索特定的项目。在 Sets 标签面板，拖动 Lise Item 运算器到工作区，如图 3-44 所示。

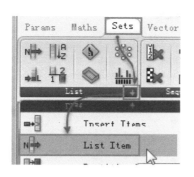

图 3-44 List Item 运算器

将 Cir 运算器的 C 端口与 Item 的 L 端口相连接，将 Item 的 i 端口与 Extr 的 B 端口相连接，如图 3-45 所示。

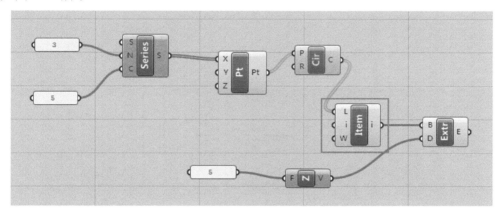

图 3-45 Item 运算器的连接

创建一个 Slider 运算器，取值范围设置为 N(整数)0～4，将其与 Item 运算器的 i 端口相连接，如图 3-46 所示。

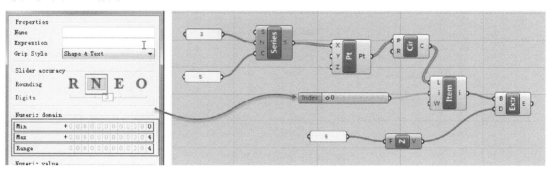

图 3-46 加载 Slider 运算器

拖动 Index 滑块，将有一个圆管在不同编号的圆圈上跳动，如图 3-47 所示。

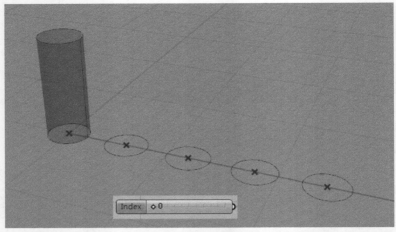

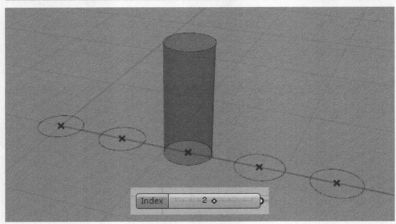

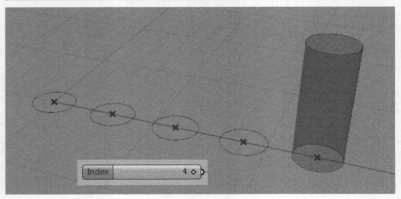

图 3-47 Index 的不同取值

　　如果想要出现多个圆管，用户可以复制一个 Index 运算器，将其与 Item 运算器的 i 端口
相连接(连接时需要按住 Shift 键)，只要给两个 Index 运算器设置不同的参数，就会在不同的
位置出现两个圆管，如图 3-48 所示。

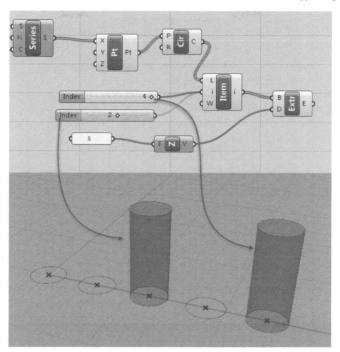

图 3-48 两个 Index 运算器分别控制两个圆管的位置

3.4.5 Cull 运算器

Cull(移除)运算器，使用重复的位元遮罩在列表中移除某些元素。在 Sets 标签面板 Sequence 下拉列表中，拖动 Cull Pattern 运算器到工作区，如图 3-49 所示。

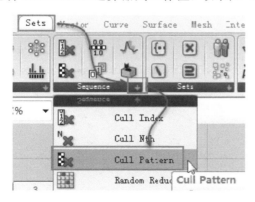

图 3-49 创建 Cull Pattern 运算器

将 Cull 的左侧 L 端口与 Cir 的 C 端口相连接，右侧 L 端口与 Extr 的 B 端口相连接，如图 3-50 所示。

在 Cull 运算器的 P 端口上右击，在弹出的快捷菜单中选择 Mange Boolean collection 命令，在弹出的 Boolean persistent date 对话框中将 1-False 和 2-True 删除，如图 3-51 所示。

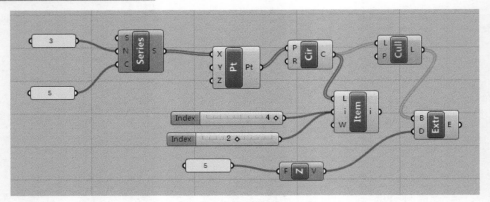

图 3-50　Cull 运算器的连接

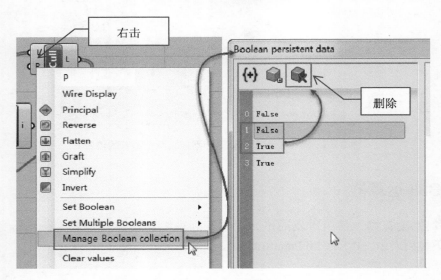

图 3-51　Boolean persistent data 的设置

视图中的圆管生成效果如图 3-52 所示。

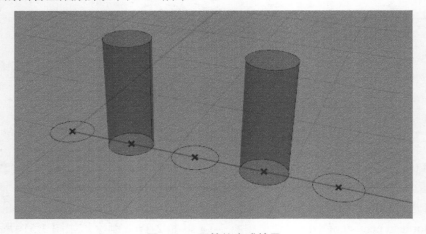

图 3-52　圆管的生成效果

3.5　变 换 操 作

GH 的变换操作运算器主要集中在 Transform(变换)标签面板中，包括仿射、阵列、欧几里得和变形等子面板。

3.5.1　Box 运算器

在 Transform 标签面板，将 Euclidean 下拉列表中的 Move(移动)运算器拖动到工作区中，如图 3-53 所示。

在 Surface 标签面板，拖动 Center Box(中心长方体)运算器到工作区。该运算器用于从一个长方形的中心推高产生长方体，如图 3-54 所示。

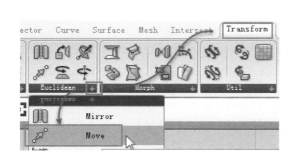

图 3-53　Transform 面板

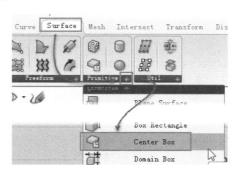

图 3-54　Center Box 运算器

创建两个 Slider 运算器。其中一个同时与 Box 运算器的 XY 端口连接起来，在其参数设置对话框中，将其命名为 size，取值范围设置为 2～10。另一个与 Z 端口相连接，参数采用默认值，如图 3-55 所示。

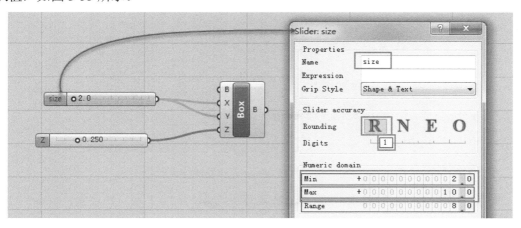

图 3-55　两个 Slider 运算器的连接

拖动 size 运算器的滑块，可以动态改变长方体 X 轴和 Y 轴的尺寸，如图 3-56 所示。

图 3-56　滑块的动态设置

3.5.2　Move 运算器

将 Box 的 B 端口与 Move 的 G 端口相连接，视图中将出现两个 Box，如图 3-57 所示。

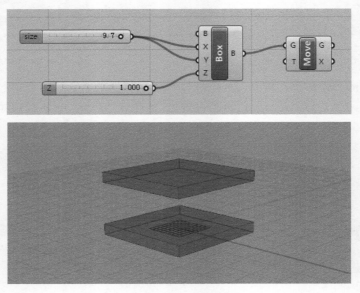

图 3-57　加载 Move 运算器的结果

创建 Z、Series 和两个 Slider 运算器。Z 运算器与 Move 的 T 端口相连接，Series 的 S 端口与 Z 的 F 端口相连接。

两个 Slider 运算器分别与 Series 的 N 和 C 端口相连接。两个滑块运算器的名称分别变更为 Step 和 Count。将 Step 运算器的取值范围设置为 2.5～4.0，将 Count 运算器的取值范围设置为 1～5，如图 3-58 所示。

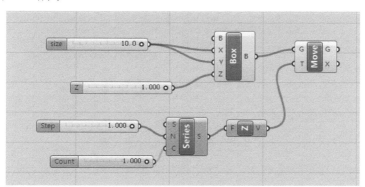

图 3-58   添加 4 个运算器

如果将 Step 运算器设置为 4，Count 运算器设置为 5，视图中的情形如图 3-59 所示。Step 控制 Box 的间距，Count 运算器控制 Box 的数量。

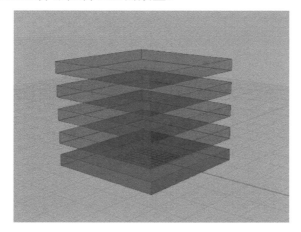

图 3-59   位移的结果

3.6 形 状 图 表

Graph Mapper(形状图表)运算器，可以手动编辑曲线图表来控制系列对象的轮廓，这是一种可视化的编辑、控制模型的方法。这种方法是一种视觉思维，非常直观，适合建筑设计的要求。

3.6.1 Graph 运算器

继续 3.5 节的步骤，将 Params 标签面板中的 Graph Mapper 拖动到工作区，在工作区创建一个 Graph Mapper 运算器图标，如图 3-60 所示。

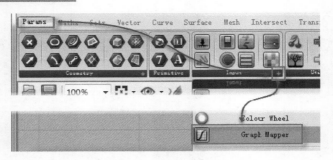

图 3-60　Graph Mapper 运算器

在 Graph Mapper 运算器上右击，在弹出的快捷菜单中选择 Graph types(图表类型)命令，在弹出的子菜单中有各种曲线类型可供选择，本例选择其中的 Bezier 类型，Graph 图标中将出现一条对角线，如图 3-61 所示。

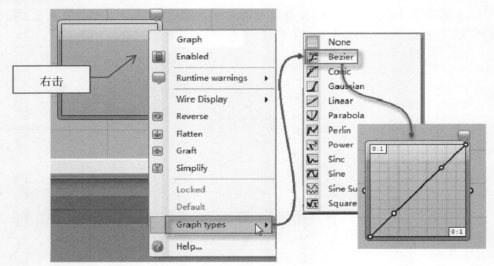

图 3-61　选择曲线类型

加载 Range 和 Panel 运算器，将 Range 的 R 端口与 Graph 相连接，Panel 与 Graph 右侧端口相连接。Panel 上显示曲线上每个顶点的纵向坐标，如图 3-62 所示。

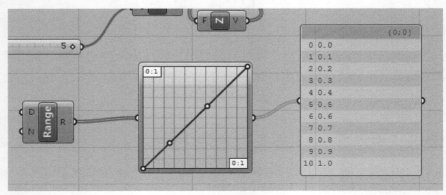

图 3-62　Panel 面板显示坐标

使用鼠标拖动 Graph 中曲线两端的控制点和手柄，编辑其形状如图 3-63 所示。

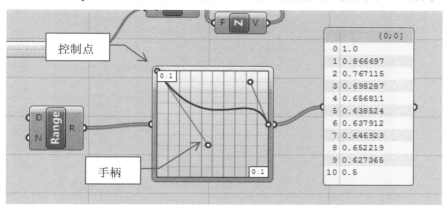

图 3-63　编辑 Graph 曲线

3.6.2　Scale 运算器

在标签面板 Transform 中将 Affine 中的 Scale 拖动到工作区中，在工作区创建一个 Scale 运算器。将 Move 的 G 端口与 Scale 的 G 端口相连接。Z 运算器的 V 端口与 Scale 的 C 端口相连接。将 Graph 右侧端口与 Scale 的 F 端口相连接，如图 3-64 所示。

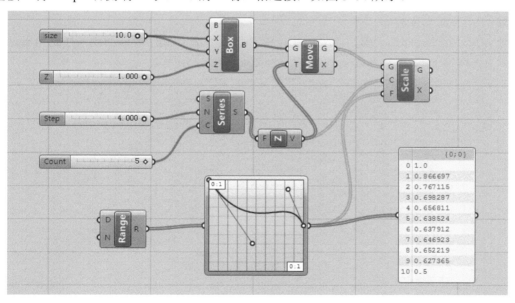

图 3-64　Scale 运算器的连接

加载了 Scale 之后，视图中的情形如图 3-65 所示。

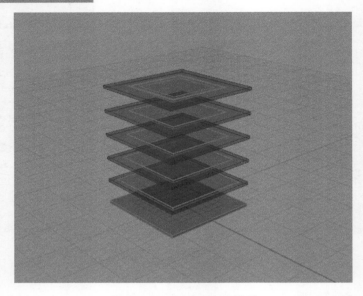

图 3-65　加入 Scale 的结果

3.6.3　减法运算器

将标签面板 Maths(数学)的 Operators(运算器)中的 ⊟ (Subtraction)按钮拖动到工作区中，创建减法运算器 A-B 图标。

再创建一个 Panel 运算器，将 Count 运算器与减法运算器的 A 端口相连接。将减法运算器的 R 端口与 Range 运算器的 N 端口相连接，如图 3-66 所示。

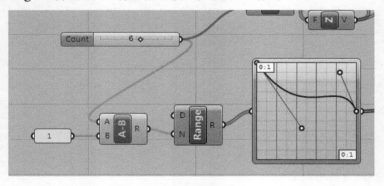

图 3-66　减法运算器的连接

3.6.4　控制系列 Box 的外轮廓

在 Move 运算器中间位置右击，在弹出的快捷菜单中选择 Preview(预览)命令，关闭其预览功能，如图 3-67 所示。

视图中的系列 Box 的显示效果对比如图 3-68 所示。关闭预览后，其侧面轮廓呈现为一条曲线形态。

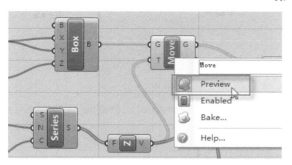

图 3-67　选择 Preview 命令

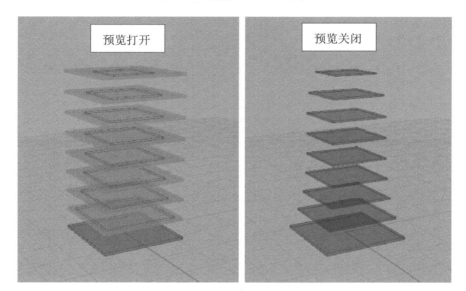

图 3-68　预览打开和关闭对比

系列 Box 的侧面轮廓是由 Graph 中的曲线决定的，如图 3-69 所示。只要改变曲线的形态，系列 Box 的侧面轮廓也将随之改变。

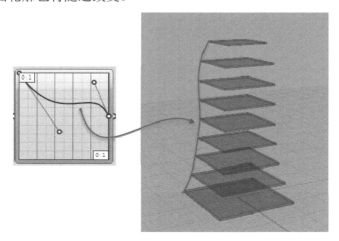

图 3-69　侧面轮廓的编辑

本章小结

　　本章详细讲解了各种控制运算器的使用和相关技巧，这些运算器都是 GH 中最基础也是最常用的，读者务必要"吃透"它们的用法。要想真正用好 GH，最好有一些 VB 或 C 语言的基础，这样就会有程序的思维方式，知道一个问题该如何用程序的思路去解决。GH 的难点是思路，软件本身的操作相对比较简单。

第 4 章

在曲面上做造型

内容提要：

- 导入几何体
- 次表面细分
- 扭曲长方体
- 变形参照几何体
- 完成多次变形操作

曲面是三维建模中最为重要的元素之一，GH 在曲面建模和编辑方面也有独到的功能。本章将讲解 GH 中生成曲面的方法、次表面生成，以及在曲面上扭曲对象的方法，大多是参数化建模技术所特有的，手工建模很难做到的功能。

4.1　导入几何体

GH 自身无法直接创建曲面，一般需要通过转换的方法，将 Rhino 创建的曲面转换为 GH 曲面。本节将讲解如何将 Rhino 创建的几何体转换为可用 GH 编辑的对象。

4.1.1　打开 Rhino 模型

打开素材包中的 chapter_4_1 . 3dm 文件，这是一个采用 Rhino 曲线放样生成的一个曲面模型，如图 4-1 所示。

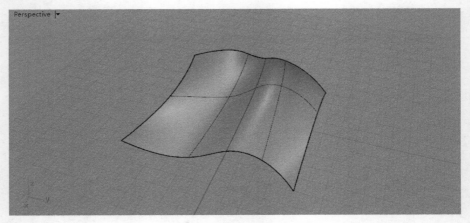

图 4-1　曲面模型

4.1.2　Surface 运算器

在 Params 标签面板，将 Surface 图标拖动到工作区中，创建 Srf 运算器图标，如图 4-2 所示。

图 4-2　Surface 运算器

在视图中选中曲面模型(线条呈现亮黄色)，在 GH 工作区的 Srf 运算器上右击，在弹出的快捷菜单中选择 Set one Surface 命令，如图 4-3 所示。

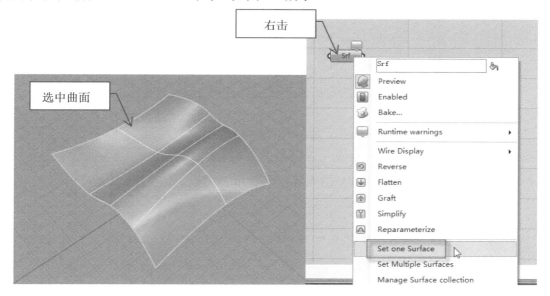

图 4-3　转换曲面

转换完成后，当 Srf 运算器处于选中状态时，视图中的曲面呈现如图 4-4 所示的效果。

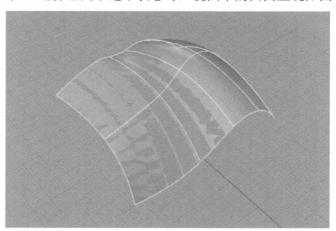

图 4-4　转换后的效果

4.1.3　显示效果的设置

目前曲面的显示效果是，Rhino 创建的曲面和转换为 GH 的曲面同时显示。用户可以通过图层设置关闭 Rhino 曲面的显示，只显示 GH 曲面。

选择 Rhino 菜单中的"面板"→"图层"命令，打开"图层"对话框，单击工具栏中的"新图层"按钮，新建一个图层"图层 01"，如图 4-5 所示。

图 4-5　新建图层

在视图中选中 Rhino 曲面，在图层面板中，在"图层 01"上右击，在弹出的快捷菜单中选择"改变物件图层"命令，将 Rhino 曲面移到"图层 01"，如图 4-6 所示。

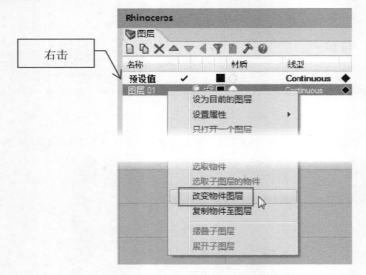

图 4-6　设置曲面的图层

单击"图层 01"的颜色设置按钮，在"选择图层颜色"对话框中选择红色作为图层颜色。该图层中的所有对象都显示为红色，Rhino 曲面也显示为红色，如图 4-7 所示。

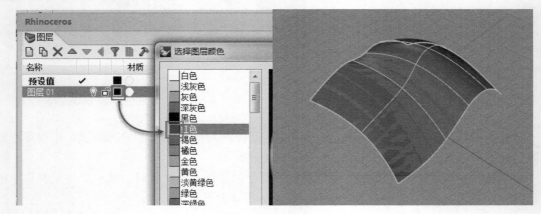

图 4-7　图层颜色设置

在图层面板中，单击"图层 01"右侧的黄色灯泡按钮，使其变为熄灭状态，将"图层 01"的显示状态关闭，如图 4-8 所示。

图 4-8　关闭图层

视图中只剩下了绿色的 GH 曲面，如图 4-9 所示。

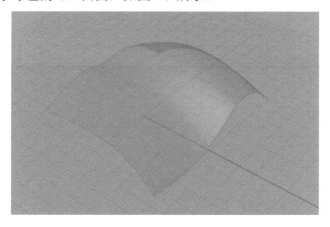

图 4-9　只显示 GH 曲面

最后，在 Srf 运算器上右击，在弹出的快捷菜单中选择 Reparameterize(重新参数化)命令，如图 4-10 所示，完成曲面的转换操作。

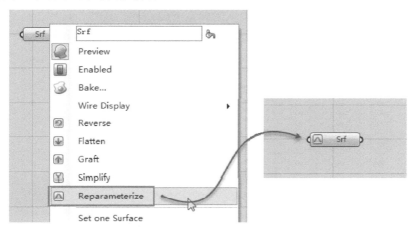

图 4-10　选择 Reparameterize 命令

4.2 次表面细分

GH 曲面可以根据需要任意进行 UV 方向的细分，参数可以自定义，为后面附着扭曲对象做好准备。本节介绍细分 GH 表面的方法。

4.2.1 细分运算器

在 Maths 标签面板，将 Domain 下拉列表中的 Divide Domain^2 运算器拖动到 GH 工作区，创建 Divide 运算器图标，如图 4-11 所示。该运算器用于将二维的域细分为相等的元素。

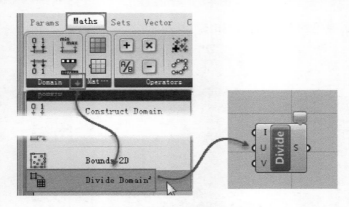

图 4-11 创建细分运算器

将 4.1 节创建的 Srf 运算器的右侧端口与 Divide 运算器的 I 端口连接起来，如图 4-12 所示。

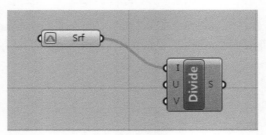

图 4-12 Srf 运算器的连接

4.2.2 细分参数的设置

创建一个 Slider 运算器，打开其设置面板，舍入设为整数，取值范围设置为 4～20，如图 4-13 所示。

将 Slider 运算器与 Divide 运算器的 U、V 端口相连接。

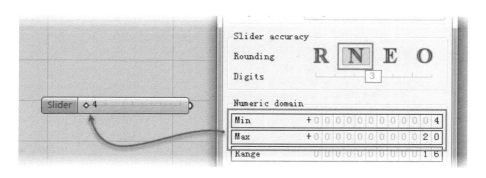

图 4-13　滑块的参数设置

再创建一个 Panel 运算器，将其与 Divide 右侧端口相连接。Panel 面板中将显示所有 UV 的范围，如图 4-14 所示。

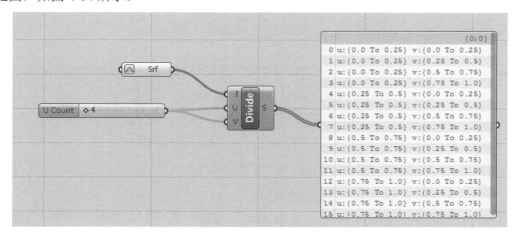

图 4-14　Divide 运算器的连接

当前，曲面上看不到任何的变化，还要继续在曲面上创建细分长方体才能观察到细分的结果，因此请继续看 4.3 节的讲解。

4.3　扭曲长方体

本节将继续 4.2 节的内容，继续讲解在曲面上创建细分长方体的方法。

4.3.1　创建表面长方体

继续 4.2 节的内容，在 Transform 标签面板 Morph 下拉列表中，将 Surface Box 拖动到 GH 工作区，创建 SBox 运算器，如图 4-15 所示。

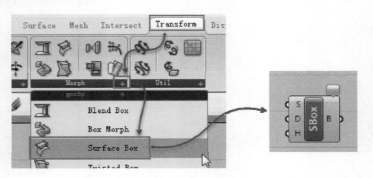

图 4-15　创建 SBox 运算器

4.3.2　曲面的细分

将 4.2.2 节中创建的 Panel 运算器删除。将 Srf 与 SBox 的 S 端口相连接。将 Divide 的 S 端口与 SBox 的 D 端口相连接，如图 4-16 所示。

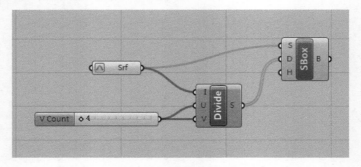

图 4-16　SBox 的连接

视图中的曲面上出现细分效果，细分为若干长方体，如图 4-17 所示。

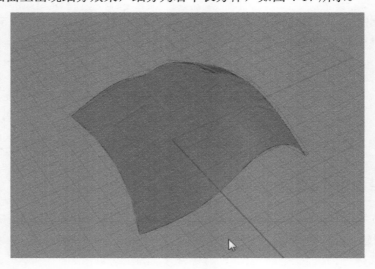

图 4-17　细分的结果

4.3.3　细分长方体的厚度控制

创建一个 Slider 运算器，在其设置面板中，将舍入模式设置为整数，取值范围设置为 1～4，如图 4-18 所示。

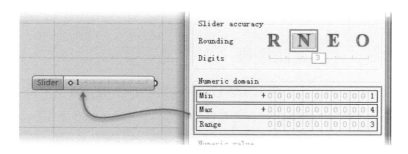

图 4-18　参数设置

将 Slider 与 SBox 运算器的 H 端口相连接，其名称也变更为 Height，如图 4-19 所示。

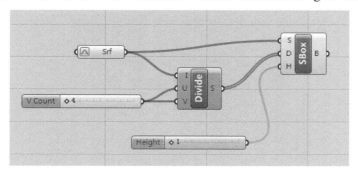

图 4-19　Slider 运算器的连接

拖动 Height 运算器上的滑块，可以动态调节细分长方体的高度，变化范围为 1～4，如图 4-20 所示为高度为 4 的情形。

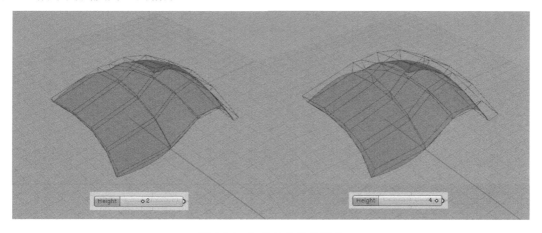

图 4-20　细分长方体的厚度

4.4　变形参照几何体

GH 曲面上可以附着任意形状的几何体，使其表面产生更加丰富的细节。本节将讲解将参照几何体变形放置在 GH 曲面上的方法。

4.4.1　在 Rhino 中创建四棱锥

在 Rhino 主工具栏中，单击建立实体按钮，在弹出的折叠面板中单击金字塔图标，如图 4-21 所示。

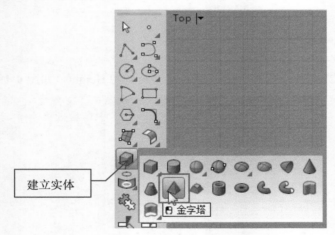

图 4-21　金字塔图标的位置

在命令行单击"边数(N)=5"，进入边数设置状态，将边数设置为 4，如图 4-22 所示。

图 4-22　设置边数为 4

在视图中，手动创建一个金字塔模型，如图 4-23 所示。

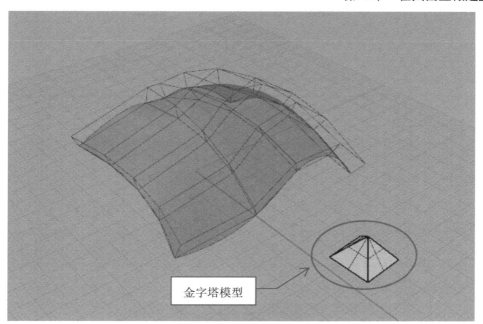

金字塔模型

图 4-23　创建金字塔模型

4.4.2　Geometry 运算器

在 Params 标签面板的 Geometry 下拉列表中，将 Geometry 拖动到工作区，创建 Geo 运算器，如图 4-24 所示。

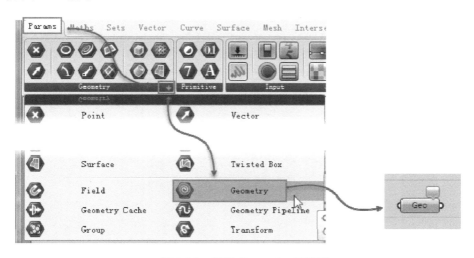

图 4-24　创建 Geometry 运算器

在 Geo 运算器上右击，在弹出的快捷菜单中选择 Set one Geometry 命令，然后在视图中用鼠标拾取金字塔模型，将金字塔转换为 GH 几何体，如图 4-25 所示。

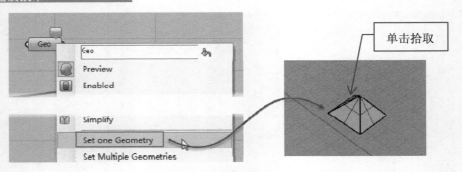

图 4-25　拾取金字塔

4.4.3　Morph 运算器

在 Transform 标签面板的 Morph(变形)下拉列表中，将 Box Morph 拖动到工作区，创建 Morph 运算器，如图 4-26 所示。该运算器用于将一个物体扭曲为一个长方体。

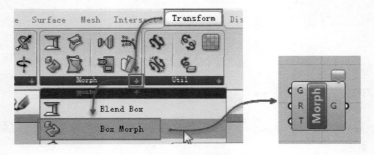

图 4-26　创建 Morph 运算器

将 Geo 运算器与 Morph 运算器的 G、R 端口相连接。将 Morph 的 T 端口与 SBox 的 B 端口相连接，如图 4-27 所示。

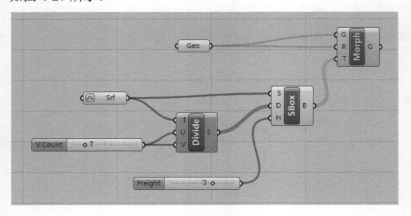

图 4-27　Morph 运算器的连接

视图中的情形如图 4-28 所示，曲面上的每一个 UV 块上都附着上了一个金字塔。金字塔会根据每块 UV 的比例发生自适应变形。

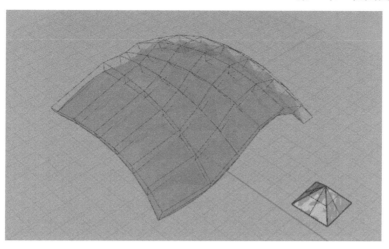

图 4-28 金字塔附着到曲面上

拖动 V Count 运算器中的滑块，可以控制曲面上 UV 的密度，如图 4-29 所示为 UV 密度为 10 的情形。

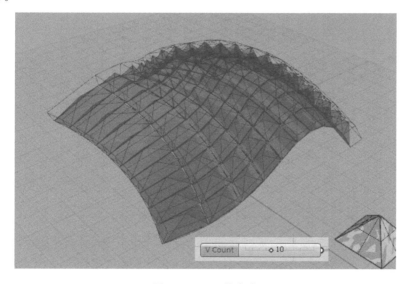

图 4-29 UV 的密度

4.5 完成多次变形操作

GH 的变形参照对象可以不止一个，本节将讲解一种同时使用两个参照对象的案例。

4.5.1 在 Rhino 中创建变形参照对象

使用 Rhino 创建一个长方体模型和一个带有镂空结构的长方体，如图 4-30 所示。

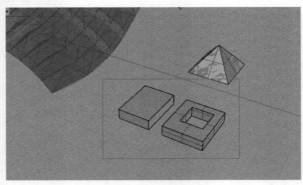

图 4-30　创建两个参照对象

4.5.2　拾取多个对象

在 Geo 运算器上右击，在弹出的快捷菜单中选择 Set Multiple Geometries 命令，在视图中分别单击长方体和带孔长方体模型，如图 4-31 所示。

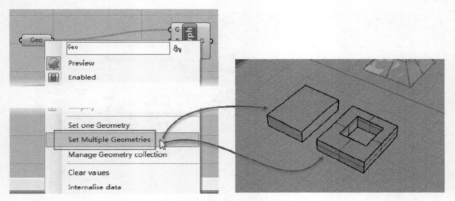

图 4-31　拾取两个几何体

曲面将呈现如图 4-32 所示的结果，曲面上的几何体也呈现出中空的结构。

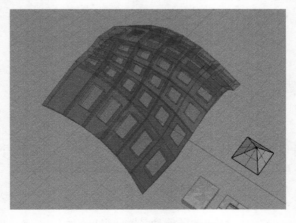

图 4-32　多重变形的结果

4.5.3　使用 Longest 运算器

在 Set 标签面板的 List 列表中，将 Longest List(长列表)拖动到工作区，创建 Long 运算器，该运算器用于生成一个元素间的最长列表。

将 Geo 与 Long 运算器的 A 端口相连接，将 SBox 运算器的 B 端口与 Long 运算器的左侧 B 端口相连接。将 Long 运算器右侧的 A 端口与 Morph 运算器的 G 和 R 端口相连接。将 Long 运算器的右侧 B 端口与 Morph 运算器的 T 端口相连接，如图 4-33 所示。

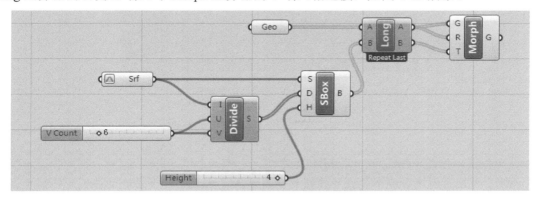

图 4-33　Long 运算器的连接

在 Long 运算器上右击，在弹出的快捷菜单中选择 Wrap 命令，视图中曲面将呈现如图 4-34 所示的情形。现在的 V Count 的参数是偶数 6，曲面上是一行带孔方块和一行实心方块交替呈现。

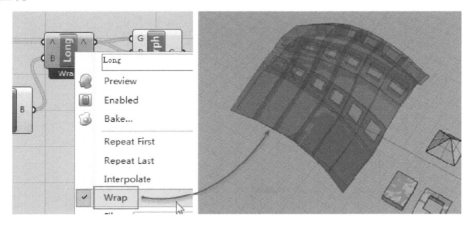

图 4-34　Wrap 模式

如果将 V Count 运算器的参数设置为奇数 7，则曲面将呈现出带孔方块和实心方块交替的情况，如图 4-35 所示。

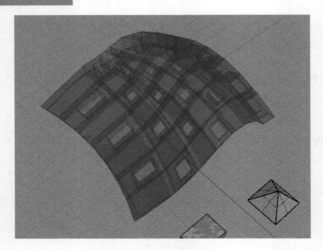

图 4-35　UV 分段为 7 的情形

本章小结

　　对于曲面的创建和编辑是三维建模的重要手段，本章比较全面地讲解了曲面的生成、细分和附着变形对象的方法。这也是特别能体现参数化建模的强大功能以及与手工建模最大不同的地方，对于参数化建模概念和能力的理解大有帮助。

第 5 章
案例——螺旋塔的建模

内容提要：

- 绘制楼板横截面
- 创建核心
- 扭转楼板轮廓曲线
- 设置楼板的厚度
- 放样生成外立面
- 材质的设置

本章将讲解一个建筑建模案例，由圣地亚哥·卡拉特拉瓦(Santiago Calatrava)设计的著名建筑——瑞典的 Turning Torso 大厦。我们将从大厦的横截面的编辑开始，一步步地将大楼的外立面建立起来，还会处理一些相关的细节，从中读者可以了解很多 GH 在建筑建模方面的应用。

5.1　项目简介

5.1.1　旋转中心简介

HSB 旋转中心(瑞典语：HSB Turning Torso)于 2005 年 8 月 27 日落成。该摩天大厦位于瑞典马尔默，楼高 190 米，54 层。因其独特的扭曲造型，有"扭毛巾大楼"之称，为当地著名地标。它是瑞典及北欧最高的建筑物，同时也是欧洲第二高的住宅大厦，如图 5-1 所示。

图 5-1　"扭毛巾大楼"

该建筑的横断面呈现一个渐变扭曲，从俯视图上看，每 6 层为一个单位，顺时针旋转 10°，54 层共计旋转 90°，如图 5-2 所示。

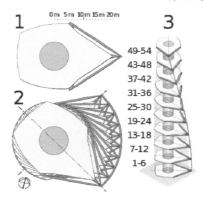

图 5-2　横断面的角度变化

5.1.2　横截面的绘制

我们将首先在 Rhino 软件中绘制大厦的横断面曲线，然后在 GH 中编辑和管理曲线并创建大厦的外立面三维模型。

在 Rhino 中，激活"锁定格点"，使用控制点曲线工具，捕捉 3 个栅格点，在顶视图中绘制 3 个控制点，产生如图 5-3 所示的弧形曲线。

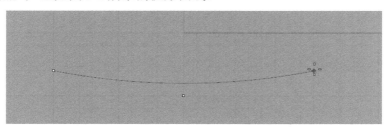

图 5-3　绘制第 1 条界面轮廓曲线

使用控制点曲线工具绘制 3 个控制点，产生一条曲线，这条曲线要和第一条曲线在左端精确对接，如图 5-4 所示。

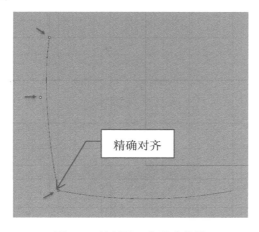

精确对齐

图 5-4　绘制第 2 条轮廓曲线

再次使用控制点曲线绘制 3 个控制点，产生如图 5-5 所示的曲线。这条曲线要与第二条轮廓曲线精确对接。

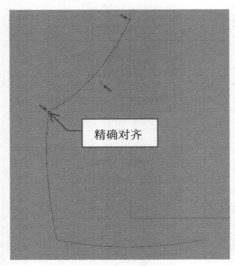

精确对齐

图 5-5　绘制第 3 条轮廓曲线

选择第 2 和第 3 条轮廓曲线，采用镜像工具，镜像轴为绿色的 Y 坐标轴，将上述两条曲线镜像到轮廓曲线的右侧，结果如图 5-6 所示。由此完成轮廓曲线的绘制。

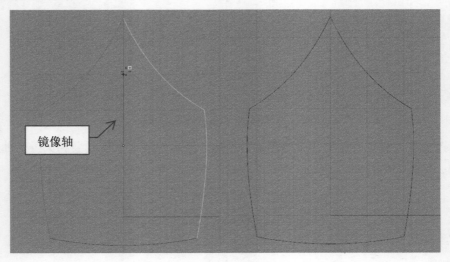

镜像轴

图 5-6　镜像曲线

采用"组合"工具，将 5 条轮廓曲线结合为一个整体。最后，在轮廓曲线的中心绘制一个半径为 5 个单位的圆，如图 5-7 所示。

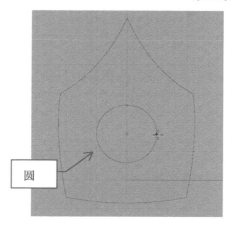

图 5-7　绘制一个圆

5.2　扭转楼板的轮廓曲线

本节介绍楼板轮廓组的创建方法，包括转换 GH 曲线格式、创建楼板系列轮廓线、创建群组等步骤，最终创建一组垂直方向上均匀分布的楼板轮廓曲线。

5.2.1　转换 GH 曲线

新建 GH 工作区，在标签面板 Params 的 Geometry 中，将 Curve 拖动到工作区，在工作区中创建 Crv 运算器。

在 Crv 运算器上右击，在弹出的快捷菜单中选择 Set one Curve 命令，再到 Rhino 视图中拾取 5.1 节绘制的楼板轮廓曲线，将其转换为 GH 曲线，如图 5-8 所示。

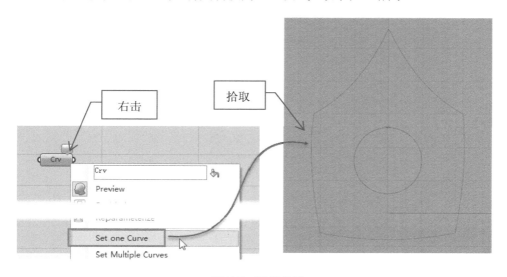

图 5-8　转换曲线

5.2.2　创建系列轮廓线

创建 3 个运算器：在标签面板 Transform 的 Euclidean 中，将 Move 拖动到工作区中，创建 Move 运算器。在标签面板 Set 中，将 Sequence 下拉列表中的 Series 拖动到工作区中，创建 Series 运算器。将标签面板 Vector 的 Vector 下拉列表中的 Unit Z 拖动到工作区中，创建 Z 运算器。

4 个运算器的连接如图 5-9 所示。

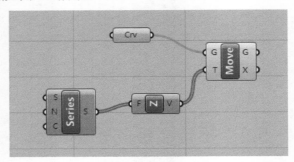

图 5-9　4 个运算器的连接方法

此时，视图中出现了系列截面曲线，如图 5-10 所示。

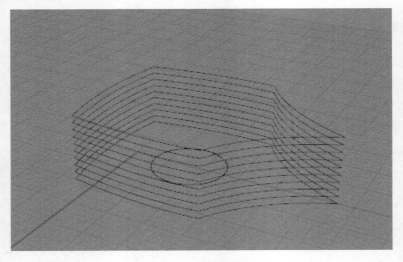

图 5-10　视图中的情形

5.2.3　创建群组

创建两个 Slider 运算器，分别命名为 floor-distance(取值范围为 3～10)和 floor-count(取值范围为 1～10)，与 Series 运算器相连接，如图 5-11 所示。

框选所有运算器，在选区中间空白处右击，在弹出的快捷菜单中，选择其中的 Group(群组)命令。框选的区域会填充某种颜色，以表示群组的范围，如图 5-12 所示。

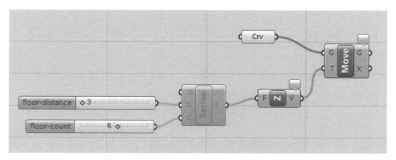

图 5-11 两个滑块运算器的连接

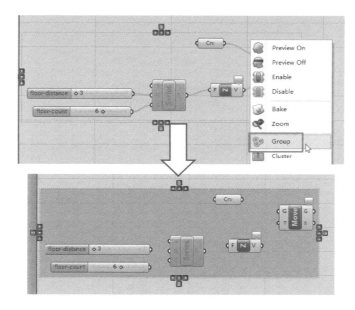

图 5-12 运算器的群组

在运算器群组任意位置右击，在弹出的快捷菜单的重命名文本框中输入群组的名称
sector_1，群组上方会出现一个名称的标签，如图 5-13 所示。

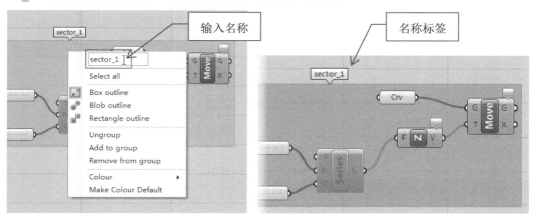

图 5-13 设置运算器群组名称

5.2.4 另一组运算器

创建 6 个运算器，包括一个 Move 运算器、一个 Series 运算器、一个 Z 运算器和 3 个滑块运算器，如图 5-14 所示。

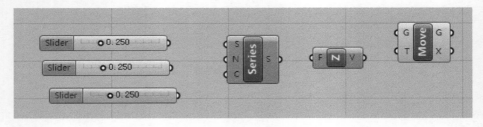

图 5-14　创建一组运算器

将 3 个滑块运算器分别命名为 base_height(取值范围 0～20)、sector_distance(取值范围 0～20)和 sector_count(取值范围 1～10)，如图 5-15 所示。3 个滑块运算器分别用于控制楼板的厚度、层高和数量。

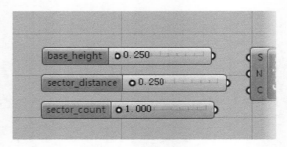

图 5-15　设置滑块运算器

6 个运算器的连接方式如图 5-16 所示。

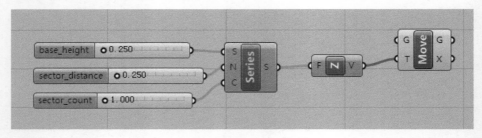

图 5-16　运算器的连接

将 sector_1 中的 Move 与本节创建的 Move 运算器连接起来，如图 5-17 所示。此时视图中的轮廓曲线将呈现如图 5-18 所示的情形。

创建一个 CrossRef 运算器，其连接方式如图 5-19 所示。现在视图中的情形应如图 5-20 所示。楼板截面轮廓曲线在垂直方向上呈现均匀分布。

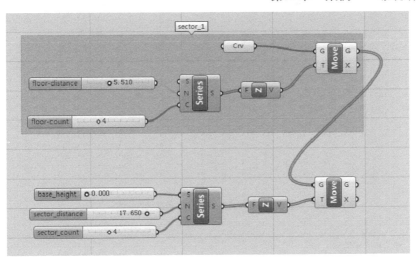

图 5-17　连接两个 Move 运算器

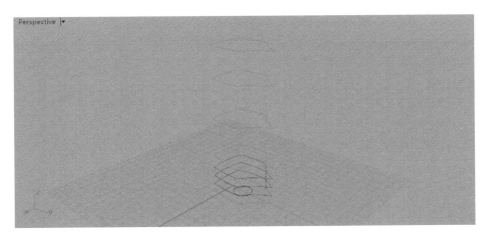

图 5-18　轮廓曲线的分布

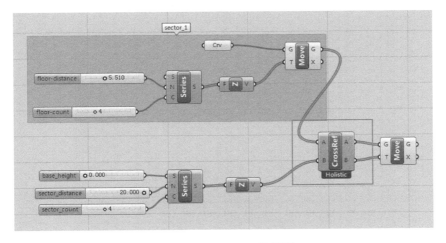

图 5-19　CrossRef 运算器

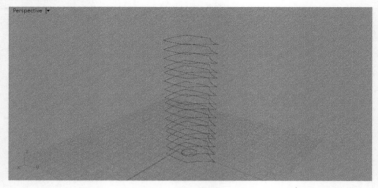

图 5-20　均匀分布的楼板轮廓曲线

5.2.5　加法运算器

将标签面板 Maths 的 Operator 中的 Addition 拖动到工作区中，创建 A+B 运算器。将 A+B 运算器与 sector_distance 和 Series 运算器相连接，如图 5-21 所示。

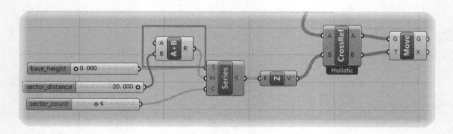

图 5-21　加法运算器的连接

在标签面板 Sets 中，将 Lists 中的 List Item 拖动到工作区中，创建 Item 运算器。将标签面板 Sets 的 Lists 下拉列表中的 List Length 拖动到工作区中，创建 Lng 运算器。

复制一个 A+B 运算器，创建一个 Panel 运算器。上述几个运算器的连接方法如图 5-22 所示。

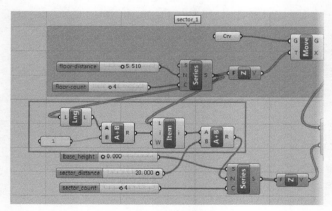

图 5-22　几个运算器的连接方法

将 5.2.4 和 5.2.5 两节创建的 12 个运算器打成一个组，命名为 All_sectors，如图 5-23 所示。

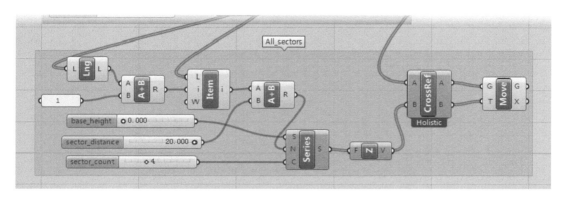

图 5-23　创建 All_sectors 群组

5.3　创　建　核　心

本节介绍扭转塔中心部分管道的创建。塔的核心是一个简单的垂直挤压，使用 Z 向量方向和总高度挤压长度。

5.3.1　挤压中心圆

将标签面板 Params 的 Geometry 中的 Curve(曲线)拖动到工作区中，创建 Crv 运算器。将图 5-7 中绘制的圆圈转换为 GH 曲线。

将标签面板 Surface 的 Freeform 中的 Extrude(挤压)拖动到工作区中，创建 Extr 运算器。将标签面板 Vector 的 Vector 中的 Unit Z 拖动到工作区，创建 Z 运算器。

再创建一个滑块运算器，将滑块运算器命名为 core_height，取值范围为 30～100。

上述几个运算器的连接方法如图 5-24 所示。

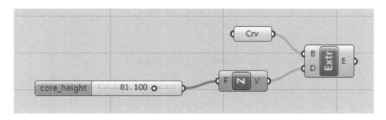

图 5-24　圆管的挤压算法

视图中，楼板中心的圆圈被向上挤压形成一个圆管，如图 5-25 所示。

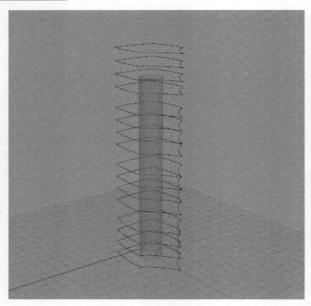

图 5-25　圆管挤压的结果

5.3.2　加法和乘法运算器

将标签面板 Maths 的 Operator 中的 Addition(加法)拖动到工作区中，创建 A+B 运算器。将标签面板 Maths 的 Operator 中的 multiplication(乘法)拖动到工作区中，创建 A×B 运算器。

上述两个运算器的连接方式如图 5-26 所示。

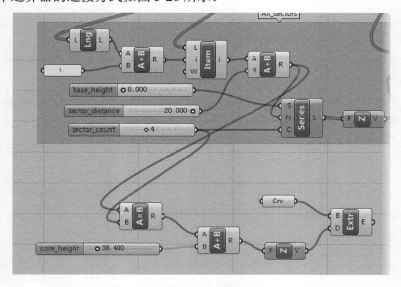

图 5-26　加法和乘法运算器的连接方式

将 5.3.1 节和本节创建的 6 个运算器打成一个群组，命名为 central_core，如图 5-27 所示。

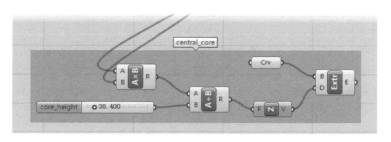

图 5-27　创建 central_core 群组

5.4　扭转楼板轮廓曲线

这里将引入一个整体旋转角度(这里设定在 180°)，在地板可以旋转轮廓之前，使用系列和细分运算器计算其中一个楼板的旋转，使用 sector_count 滑块运算器计算需要旋转的总量，设置地板的旋转角度。

5.4.1　在 Rhino 中创建四棱锥

将标签面板 Set 的 Sequence 中的 Series 拖动到工作区中，创建 Series 运算器。将标签面板 Maths 的 Operator 中的 Multiplication(乘法)拖动到工作区中，创建 A×B 运算器。

将 A×B 运算器的 A 端口与 sector_1 群组中的 floor_count 相连接；B 端口与 All_sector 群组中的 sector_count 相连接；R 端口与 Series 运算器的 C 端口相连接，如图 5-28 所示。

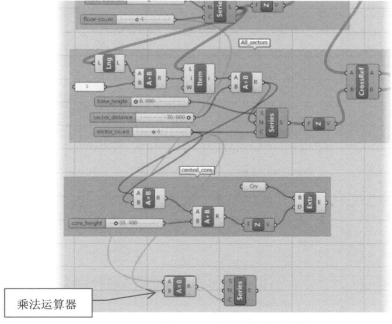

图 5-28　乘法运算器的连接

5.4.2　扭转轴的设置

将标签面板 Transform 的 Euclidean 中的 Rotate Axis 拖动到工作区中,创建 RotAx 运算器。

将 RotAx 运算器的 G 端口与 All_section 群组中的 Move 运算器的 G 端口相连接。视图中的楼板轮廓曲线呈现水平放置状态,如图 5-29 所示。

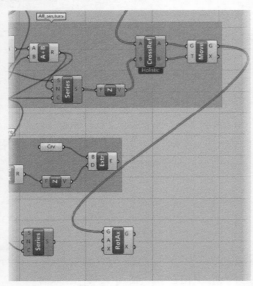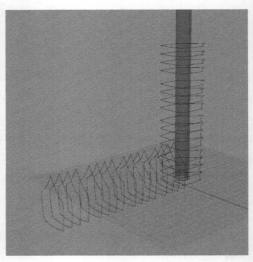

图 5-29　加载 RotAx 运算器

将标签面板 Vector 下 Vector 中的 Unit Z 拖动到工作区中,创建 Z 运算器。将标签面板 Curve 的 Primitive 中的 Line 拖动到工作区中,创建 Ln 运算器。将标签面板 Vector 的 Plane 中的 XY Plane 拖动到工作区中,创建 XY 运算器。

上述 3 个运算器与 RotAx 运算器进行连接,视图中的楼板轮廓曲线呈现垂直排列,如图 5-30 所示。

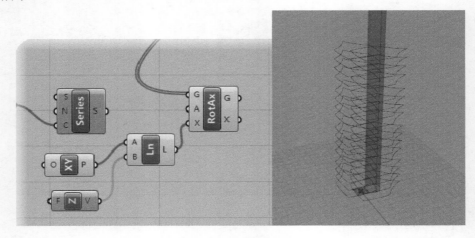

图 5-30　4 个运算器的连接

5.4.3　控制轮廓曲线的扭转

创建一个滑块运算器，将其与 Series 运算器的 N 端口相连接，其名称将变更为 Step。再将 Series 的 S 端口与 RotAx 运算器的 A 端口相连接，如图 5-31 所示。

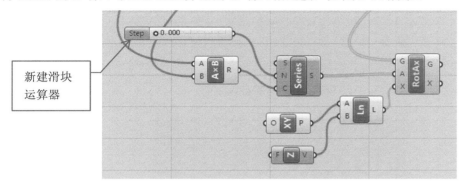

图 5-31　Series 运算器的连接

双击 Step 滑块运算器，将其名称修改为 torsion，取值范围是 0～180。拖动 Step 运算器上的滑块，在视图中可见楼板轮廓曲线产生了扭转效果，如图 5-32 所示。

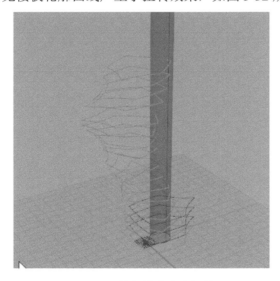

图 5-32　楼板轮廓产生扭转

5.4.4　除法运算器

将标签面板 Maths 的 Operators 中的 Division(除法)拖动到工作区中，创建 A/B 运算器。将 A/B 运算器分别与 Series、torsion 和 A×B 运算器进行连接，如图 5-33 所示。

拖动 torsion 运算器的滑块，视图中的楼板轮廓将呈现如图 5-34 所示的扭转。

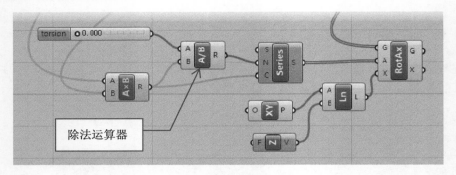

图 5-33　除法运算器的连接

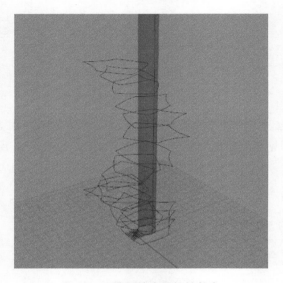

图 5-34　楼板轮廓的扭转状态

5.4.5　弧度运算器

将标签面板 Maths 的 Trig 中的 Radians(弧度)拖动到工作区中，创建 Rad 运算器。将弧度运算器与除法和 torsion 运算器连接起来，如图 5-35 所示。

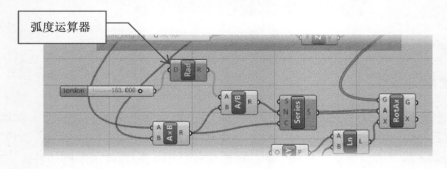

图 5-35　弧度运算器的连接

拖动 torsion 运算器的滑块，视图中的楼板轮廓将呈现如图 5-36 所示的扭转，相较图 5-35 扭转的角度小了很多。

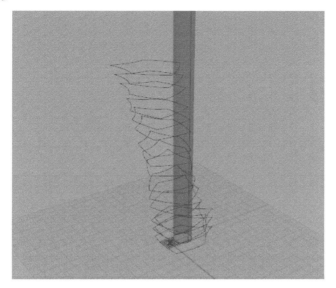

图 5-36　楼板轮廓的扭转

5.4.6　Range 运算器的使用

将标签面板 Sets 的 Sequence 中的 Range 拖动到工作区中，创建 Range 运算器。

删除 Series 和 A / B 运算器。将 Range 运算器与 Rad、A×B 和 RotAx 运算器连接起来，如图 5-37 所示。

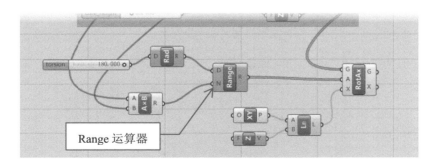

图 5-37　Range 运算器的连接

5.4.7　表达式的运用

在 Range 运算器的 N 端口上右击，在弹出的快捷菜单中选择 Expression 命令，在 Expression Editor 文本框中输入表达式"x-1"，再单击文本框下方的 Commit changes 按钮，如图 5-38 所示。

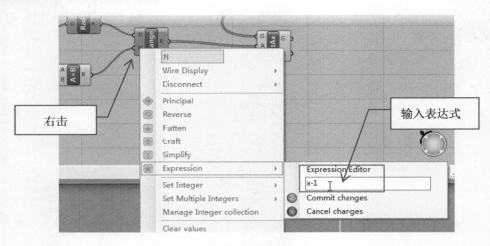

图 5-38　创建表达式

创建一个 A-B 运算器和 Panel 运算器，将 Panel 运算器的取值设置为 1。

将 Panel 运算器与减法运算器相连接，减法运算器与乘法运算器和 Range 运算器相连接，如图 5-39 所示。

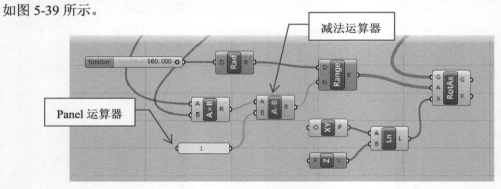

图 5-39　两个运算器的连接

将 torsion 的角度设置为 90°角，楼板截面的扭转范围将设定为 90°角，如图 5-40 所示。

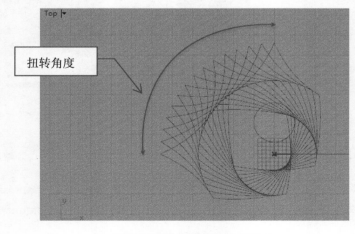

图 5-40　楼板截面 90°角分布

5.4.8　移动核心

在 Top 视图中，选中圆圈，打开"锁定格点"选项，将圆圈的圆心移动到坐标原点位置，如图 5-41 所示。

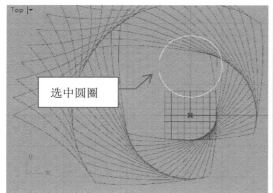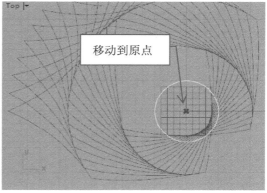

图 5-41　将圆圈放置到坐标原点

最后，将本节创建的所有运算器打成一个组，命名为 rotating_floor(楼板扭转)，如图 5-42 所示。

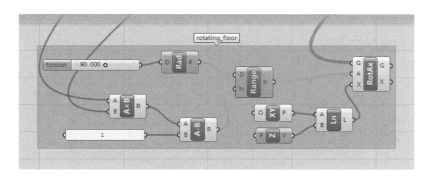

图 5-42　创建 rotating floor 群组

5.5　设置楼板的厚度

5.4 节创建了楼板的轮廓曲线，轮廓曲线必须加上厚度才能成为三维实体。本节讲解如何使用挤出运算器 Extrude 挤压轮廓曲线使之产生厚度。Extrude 运算器还需与轴向运算器配合才能获得正确的挤压方向。

5.5.1　创建 4 个运算器

在 GH 工作区，创建 4 个运算器。将标签面板 Surface 的 Freeform 中的 Boundary Surfaces

拖动到工作区中，创建 Boundary 算器；将标签面板 Surface 的 Freeform 中的 Extrude 拖动到工作区中，创建 Extr 运算器；将标签面板 Vector 的 Vector 中的 Unit Z 拖动到工作区中，创建 Z 运算器；再创建一个滑块运算器。

将滑块控制器命名为 floor_thickness(楼板厚度)，取值范围为-0.5～-0.2，如图 5-43 所示。

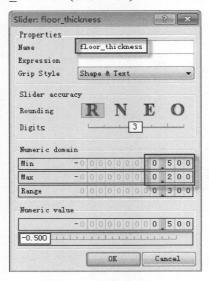

图 5-43　楼板厚度滑块设置

5.5.2　运算器的连接

将 Boundary 运算器的 E 端口与 RotAx 右侧的 G 端口相连接；将 Extr 运算器的 B 端口与 Boundary 运算器的 S 端口相连接；将 Z 运算器的 V 端口与 Extr 运算器的 D 端口相连接；将 floor_thickness 滑块与 Z 运算器的 F 端口相连接，如图 5-44 所示。

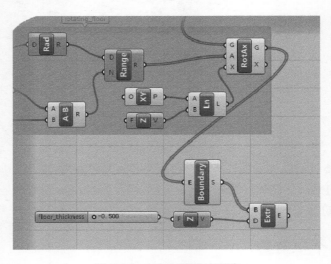

图 5-44　4 个运算器的连接

在透视图中，楼板将产生厚度，如图 5-45 所示。

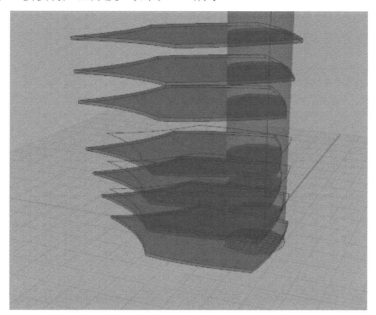

图 5-45　楼板产生厚度

最后，将上述几个运算器打成一个组，命名为 floor_thickness(楼板厚度)，如图 5-46 所示。

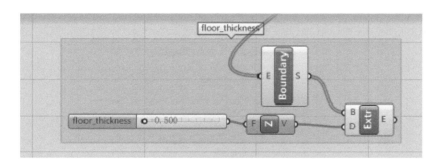

图 5-46　创建 floor_thickness 群组

5.6　外立面的生成

本节讲解如何生成大楼外立面，生成外立面的主要工具是 Loft(放样)运算器。我们还将使用 Subset(细分设置)和 Construct Domain(构建范围)两个运算器把外立面按照要求进行分段。

5.6.1　放样运算器的运用

将标签面板 Surface 的 Freeform 中的 Loft 拖动到工作区中，创建 Loft(放样)运算器。

将 Loft 运算器的 C 端口与 RotAx 运算器的 G 端口相连接，在透视图中可以看到大楼的楼板之间出现了一层放样形成的外立面，如图 5-47 所示。

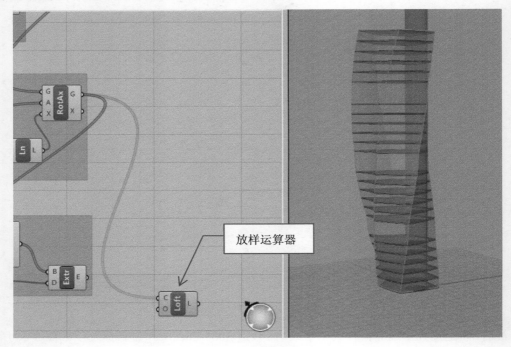

放样运算器

图 5-47　放样形成外立面

如果将 floor_thickness(楼板厚度)和 central_core(中心柱子)两个组的预览关闭，不显示楼板厚度和中柱，将会得到更好的外立面显示效果，如图 5-48 所示。

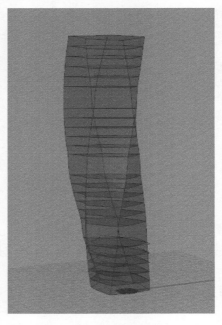

图 5-48　更好的外立面效果

5.6.2　Sub List 运算器

将标签面板 Sets 的 List 中的 Sub List 拖动到工作区中，创建 SubSet(细分设置)运算器。

将 SubSet 运算器左侧的 L 端口与 RotAx 的 G 端口相连接，右侧的 L 端口与 Loft 运算器的 C 端口相连接，透视图中的外立面暂时消失了，如图 5-49 所示。

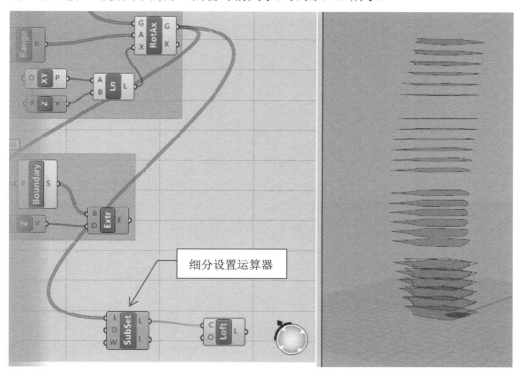

细分设置运算器

图 5-49　外立面暂时消失

将标签面板 Maths 的 Domain 中的 Construct Domain(构建范围)拖动到工作区中，创建 Dom 运算器。将该运算器的 I 端口与 SubSet 运算器的 D 端口相连接。

再创建两个滑块运算器，取值范围均设置为 0~30，取值方式为整数，分别与 Dom 运算器的 A 和 B 端口相连接，如图 5-50 所示。

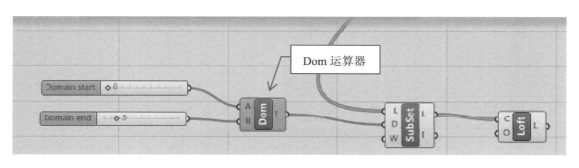

Dom 运算器

图 5-50　Dom 运算器的运用

调节两个滑块运算器，用户可以控制放样的结果只出现在大楼的局部。如果采用图 5-50 中的参数，将会得到如图 5-51 所示的结果，外立面只出现在第 1 到第 6 层楼板之间。

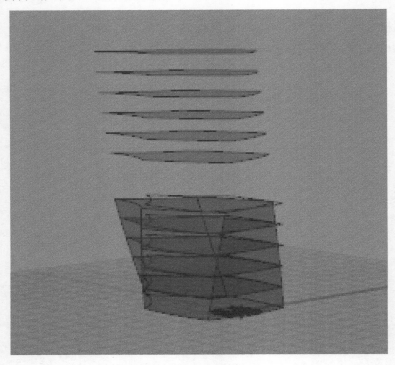

图 5-51　局部产生外立面

5.6.3　多个局部的外立面生成

将图 5-50 中的 Dom 和两个与之相连接的滑块运算器复制出来，再与 SubSet 运算器的 D 端口相连接(按住 Shift 键做连接操作)，如图 5-52 所示。

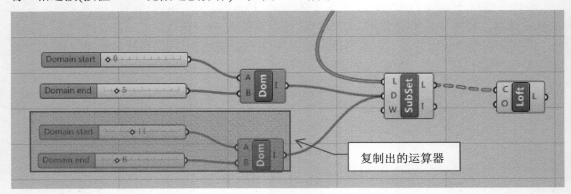

图 5-52　另一组构建范围运算器

如果采用图 5-52 中的参数，将得到如图 5-53 所示的结果。外立面将在 1～6 层和 7～12 层之间生成，两组外立面之间是断开的效果。

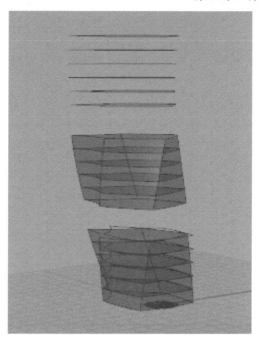

图 5-53　两组外立面

　　以此类推，再次复制 Dom 和两个与之相连接的滑块运算器，将其与 SubSet 运算器的 D 端口相连接，将滑块的参数设置为 12 和 17，将得到 13 到 18 层楼板之间的外立面，如图 5-54 所示。

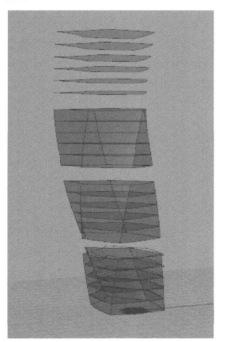

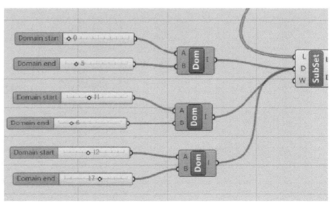

图 5-54　生成三组外立面

5.7　高效率地使用范围和序列运算器

　　5.6 节已经做出了立面效果，但是运算器使用过多而且不方便修改，与其他参数没有联动关系。本节将重新调整运算器，以便更加高效地调整外立面。

5.7.1　Integer 运算器

　　将标签面板 Params 的 Primitive 中的 Integer(整数)拖动到工作区中，创建 Int 运算器，如图 5-55 所示。

图 5-55　整数运算器的位置

　　将 Int 运算器与 sector_1 组中的 floor-count 运算器相连接，并将该运算器命名为 floor-count。

　　为了界面的整洁美观，可以将运算器之间的连线隐藏。方法是，在 floor-count 运算器上右击，在弹出的快捷菜单中选择 Wire Display→Hidden(隐藏)命令。这样设置之后，当不选中这个运算器的时候，其连线将不会显示，只是在其左侧的端口显示一个无线信号的标记，如图 5-56 所示。

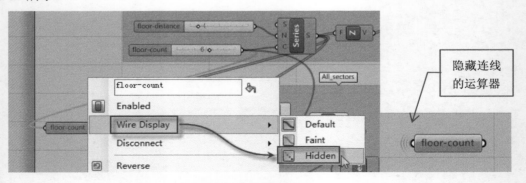

图 5-56　隐藏连线的设置

　　再创建一个 Int 运算器，命名为 sector_count，将其与 All_sectors 组中的 sector_count 相连接，也设置为隐藏连线。

5.7.2　整数运算器的连接

创建一个 Series 运算器和 Panel 运算器，与 5.7.1 节创建的两个 Int 运算器相连接，具体连接方式如图 5-57 所示。Panel 面板中显示出两个参数的取值。

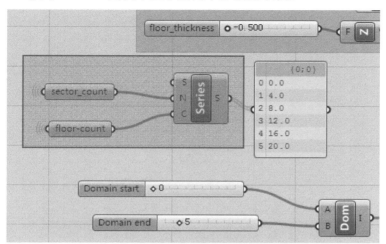

图 5-57　整数运算器的连接

再创建两个 Panel、一个加法、一个减法、一个 Dom 运算器，与图 5-57 中的 4 个运算器进行连接，具体连接方法如图 5-58 所示。

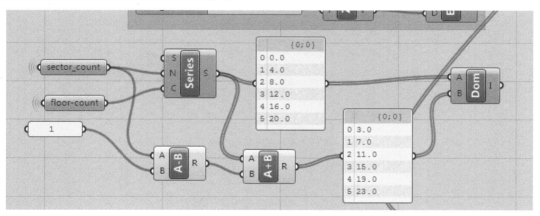

图 5-58　整数运算器的完整连接

5.7.3　删除单独的 Dom 运算器

将 5.7.2 节图 5-58 中 Dom 运算器的 I 端口与 SubSet 运算器的 D 端口相连接，打断图 5-54 中 3 个 Dom 运算器与该端口的连接，如图 5-59 所示。

将断开的 3 个 Dom 运算器及与其相连接的 6 个滑块运算器选中并删除。

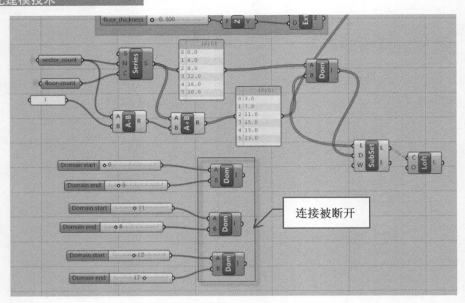

图 5-59　3 个 Dom 运算器被断开

接下来，读者可以尝试调整 sector_1 组中的 floor-count 滑块和 All_sectors 组中的 sector_count 滑块。视图中的外立面生成将会与这两个参数形成联动效果。

最后，将本节创建的所有运算器打成一个组，命名为 loft，如图 5-60 所示。

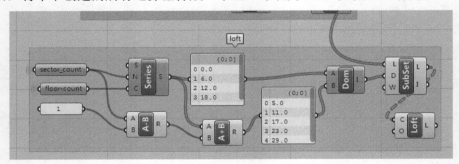

图 5-60　创建 loft 群组

5.8　总结和反思

5.7 节我们已经完成了"扭毛巾大楼"的模型制作，本节再来添加两个细节，一个是简单地设定一下材质，另一个是介绍 GH 的一个有用的工具——遥控器。

5.8.1　简单的材质设置

将标签面板 Display 的 Preview 中的 Custom Preview(定制预览)拖动到工作区中，创建 Preview 运算器，如图 5-61 所示。

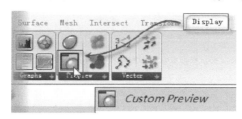

图 5-61　创建 Preview 运算器

将 Preview 运算器的 G 端口与 Loft 组 Loft 运算器的 L 端口相连接，视图中的外立面将会改变颜色，如图 5-62 所示。

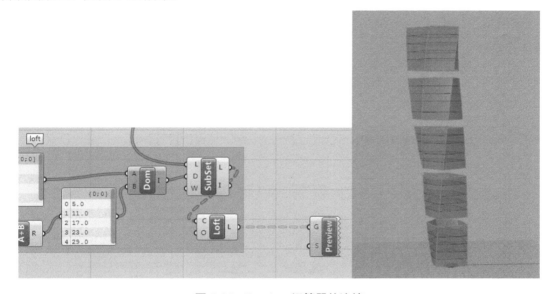

图 5-62　Preview 运算器的连接

将标签面板 Display 的 Preview 中的 Creat Material(创建材质)拖动到工作区中，创建 Material 运算器，如图 5-63 所示。

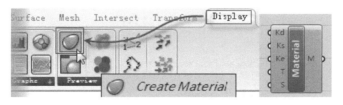

图 5-63　创建 Material 运算器

将 Material 运算器的 M 端口与 Preview 运算器的 S 端口相连接，如图 5-64 所示。

将标签面板 Params 的 Input 下拉列表中的 Colour Picker(颜色拾取)拖动到工作区中，创建 Colour Picker 运算器，如图 5-65 所示。

将 Colour Picker 运算器与 Material 运算器的 Kd 端口相连接，这样就可以在 Colour Picker 运算器中设置外立面的颜色了，拖动滑块可以设置色调(Hue)、饱和度(Sat)和明度(Val)，如图 5-66 所示。

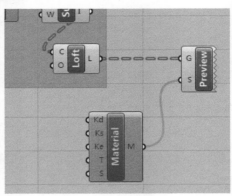

图 5-64　Material 运算器的连接

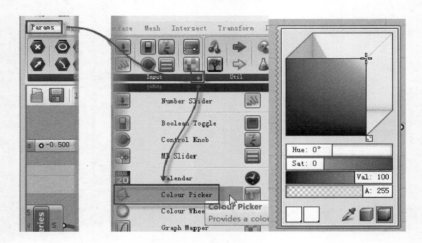

图 5-65　Colour Picker 运算器

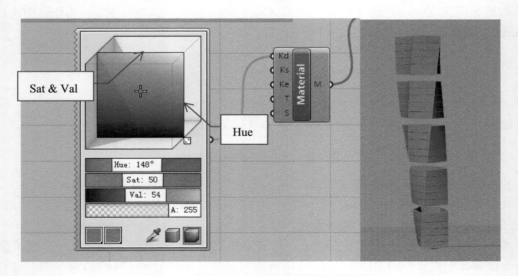

图 5-66　在 Colour Picker 运算器中设置颜色

创建一个滑块控制器，将其与 Material 运算器的 T 端口相连接。该滑块控制的名称将自动变更为 Transparency(透明度)，如图 5-67 所示。拖动滑块将会改变外立面的透明度。

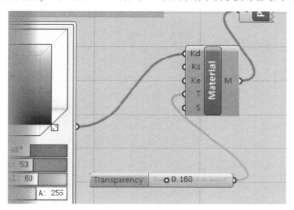

图 5-67　Transparency 运算器的连接

5.8.2　遥控参数设置

GH 允许将滑块运算器设置成遥控形式，这样就可以在最小化 GH 窗口的情况下通过遥控器控制滑块的参数，可以获得更好的用户体验。

本例中我们需要将 floor-count、sector-count、torsion 和 sector-distance 等几个运算器设置为遥控模式。具体操作如下。

在需要遥控的运算器上右击，例如，在 floor-count 滑块上右击，在弹出的快捷菜单中选择 Publish To Remote Panel(发布到遥控面板)命令，如图 5-68 所示。

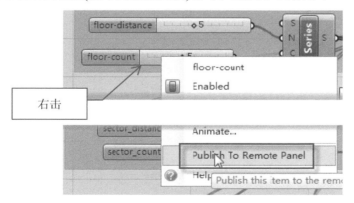

图 5-68　设置遥控属性

以此类推，将 sector-count、torsion 和 sector-distance 等几个运算器都设置为遥控模式，再选择 GH 面板中的菜单 View→Remote Control Panel(视图→遥控面板)命令，即可生成一个面板，其中包括了需要遥控的运算器，如图 5-69 所示。

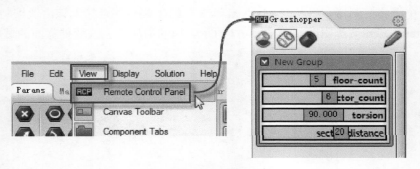

图 5-69 打开遥控器面板

这样，在最小化或者关闭 GH 面板的情况下，用户也可用遥控面板中的滑块控制模型的形态了，十分方便、简洁。

本章讲解了一个大楼制作的详细流程，读者从中能学到很多有用的 GH 建筑建模知识。需要提醒读者注意的是，在 GH 中应合理地使用标签和有意义的名称、分组和基本布局，尽可能使脚本思路清晰。如果你自己不能破译它，那么没有人可以。

第6章

数据树详解

内容提要：

- 数据树介绍
- 展平、融合与移植
- 连接曲线上对应的点
- 桁架曲面的构建
- 制作桁架的另一种方法

6.1 数据树介绍

6.1.1 什么是数据树

到目前为止，我们主要使用几何部件、数字和一些滑块运算器进行模型的构建，辅以 Series 和 Range 这样的运算器，可以控制更多个对象。然而，有时用户需要深入的数据处理程序。

Grasshopper 拥有良好的内部数据结构。除去单一数值的组建，大多数输入/输出可以携带数据列表。

最简单的一种形式，如同 Array 运算器，只包含有一行数字。其形式如下：

Array：{0,1,2,3,4，...}

然而，有时数据实际上是以列表的形式存储在其他列表中，如多维阵列。其形式如下：

{ {0,1,2} , {3,4,5} , {...} }

如图 6-1 所示为 Grasshopper 的创作者 David Rutten 绘制的该软件的数据织架构图。

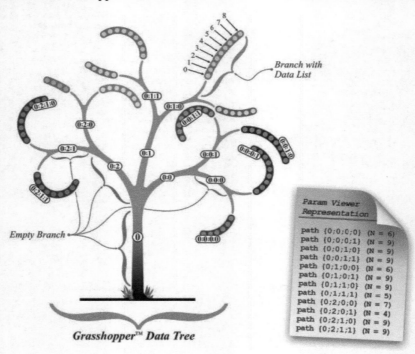

图 6-1 Grasshopper 的数据树

在图 6-1 中，有一个单独的主要树枝(可以称之为树干)编号是 path{0}。这个路径(path)不包括任何数据，但是包括了 3 个子分支，每一个子分支继承了它的父支的编号{0}并且拥有它们自己的子编号(0，1 和 2 等)。或许称为"编号"是不对的，因为"编号"往往会暗示这仅仅是一单个数字，称之为"路径(path)"会更好一点，因为这有点类似于硬盘上的文件夹结构。每一个子分支又有两个子子分支，这些子子分支也不包括任何数据。

当我们这样一层一层地到达第 4 层嵌套的时候，终于遇到一些数据(这些数据列由带颜色的线代表，数据由明亮的圆圈代表)。每一个子子子分支(或者说是第 4 级的分支)是一个重点的分支，意味着这些分支不再继续细分。

因此，每一单个数据项在整个树状的数据结构中只属于并且仅仅属于一个分支，每一单个数据项拥有一个唯一的编号指定了它在这个分支中的位置。每一个分支有一个路径编号指定这个分支在树形结构中的位置。

为了进一步解释这种数据的树形结构，下面来看一个非常简单的例子。在 Rhino 中创建两条曲线，在 Grasshopper 中将它们分别赋予两个 Curve 参量。然后使用一个 Divide Curve(Curve→Division→Divide Curve)运算器将这两条曲线等分为 20 段，最终每条曲线上得到 21 个等分点。然后将这些点输入一个 Polyline 运算器(Curve→Spline→Polyline)，这样我们会得到一条新的多线，如图 6-2 所示。

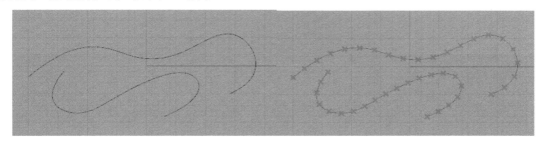

图 6-2　曲线等分案例

6.1.2　数据的行为

为了更直观地介绍数据的行为，本节采用"参数查看器"运算器来进一步说明。

将标签面板 Params 的 Util 下拉列表中的 Param Viewer(参数→通用→参数查看器)拖动到工作区中，创建 Param Viewer 运算器，如图 6-3 所示。

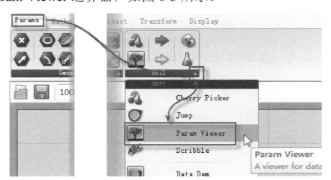

图 6-3　创建参数查看器运算器

再创建一个 Series 和一个 Panel 运算器，将 3 个运算器连接起来，如图 6-4 所示。

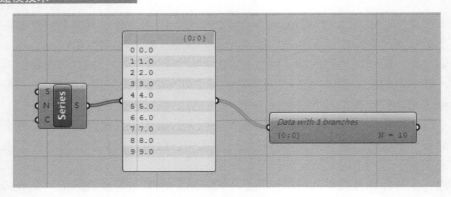

图 6-4　3 个运算器的连接

在 Param Viewer 运算器上右击，在弹出的快捷菜单中选择 Draw Tree(绘制数据树)命令，将其切换为数据树显示模式。这是一种可视化的环形树状图，如图 6-5 所示。

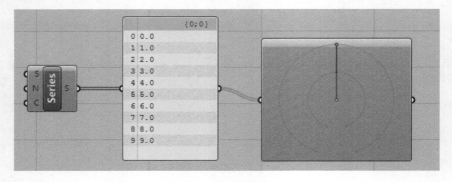

图 6-5　数据树显示模式

将标签面板 Sets 的 List 下拉列表中的 Partition List(设置→列表→分割列表)拖动到工作区中，创建 Partition 运算器，如图 6-6 所示。

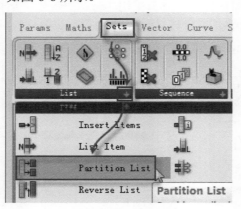

图 6-6　创建 Partition 运算器

将 Series 运算器的 S 端口与 Partition 运算器的 L 端口连接起来，Partition 运算器的 C 端口与 Panel 运算器连接起来。Param Viewer 运算器上将显示出数据树，如图 6-7 所示。

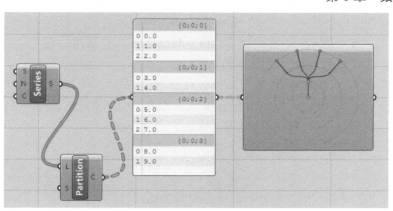

图 6-7　显示数据树

6.2　展平、融合与移植

展平、融合与移植是对数据树的重要操作，读者要特别重视对这三个操作概念的理解，这几个概念比较抽象、不易理解，文中都做了深入浅出的讲解。

6.2.1　展平数据树

继续 6.1 节的内容，将标签面板 Sets 下 Tree 中的 Flatten Tree(设置→数据树→展平数据树)拖动到工作区中，创建 Flatten 运算器。

将 Flatten 运算器与 Partition 运算器和 Panel 相连接，将得到如图 6-8 所示的结果。

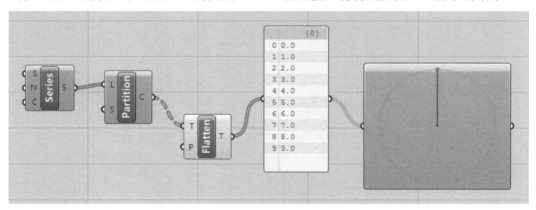

图 6-8　展平数据的结果

从图 6-8 中可以看出，Flatten 运算器移除了所有的数据分支，将所有的数据放进了一个主干之中。该运算器也可以用于输入组件，将输入的若干数据列表展平为一个列表。

如果觉得上面的表述过于抽象，还可以这样来理解 Flatten 的作用，例如一个学校有 6 个年级，每个年级有 6 个班，如果做了 Flatten 操作，就变成了一个年级 36 个班(忽略年级)。常态数据是 6 个年级，每个年级 6 个班。那么按照路径的层级关系，年级是父级，班级是子级。我们会说我是三年级二班，而不会说我是二班三年级。所谓的 Flatten 就是去掉父级的路径信息，大家不管什么年级的，都是 1 班 2 班 3 班。

即便是不加载 Flatten 运算器，在 Partition 运算器 C 端口上右击，在弹出的快捷菜单中也有一个 Flatten 命令，其功能与 Flatten 运算器完全等效，如图 6-9 所示。

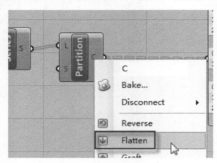

图 6-9　　Flatten 命令

6.2.2　融合数据树

融合(Merge)运算器允许用户组合不同的组件到一个数据列表中。注意，融合列表将始终保持输入数据的不同的分支，所以在某些情况下用户必须结合展平组件融合数据。

继续 6.2.1 节的操作。将标签面板 Sets 下 Tree 中的 Merge(融合数据树)拖动到工作区中，创建 Merge 运算器。

将 Partition 运算器复制出一个，关闭两个 Partition 运算器的 Flatten 模式。重新连接几个运算器，具体连接如图 6-10 所示。

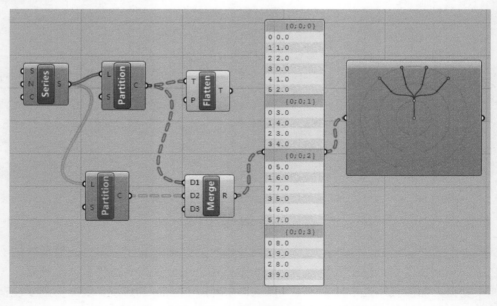

图 6-10　　Merge 运算器的运用

从图 6-11 中可以看到，Panel 面板中呈现了数据融合的结构。

6.2.3 移植数据树

移植(Graft)将转换为一种非结构数据列表(如所有数值在一个分支)到一个带有很多分支的数值树(如每个数值在一个单独的分支上)。

继续 6.2.2 节的操作。将标签面板 Sets 下 Tree 中的 Graft(移植数据树)拖动到工作区中，创建 Graft 运算器。将几个运算器重新连接，具体连接如图 6-11 所示。

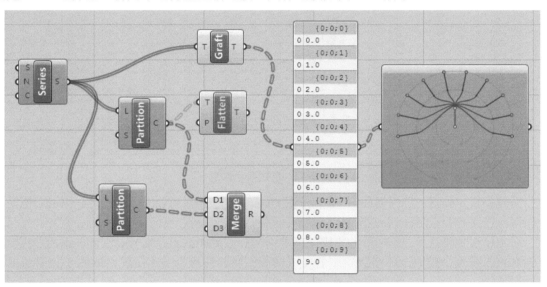

图 6-11 Graft 运算器的运用

从图 6-12 中的 Param Viewer 运算器上可以看到移植数据的构架。每个分支又有了新的分支。同样，Graft 命令也可以在 Series 的 S 端口右键菜单中找到。

如果给路径 Graft，两个数据组 A 和 B 分别移植再合并在一起，就类似是 6 年级*6 个班=一个学校。那么合并了以后会有一个新的父级路径标号(通常都是 0 开始)，可以理解成是某市的 X 所学校学生的大集合。A、B，甚至 CDEFG 分别代表一所学校。再移植，就是几个市合并成了省。Graft 可以理解为 Flatten 的逆运算，Graft 的都是增加父级的路径。

6.3 连接曲线上对应的点

当用户创建了一系列曲线，并试图将曲线上对应的顶点用线连接起来的时候，会发现这是一件很不容易的工作。本节介绍一种采用数据树的方式对接顶点的做法。

6.3.1 创建曲线

在视图中，采用画圆工具绘制一个半径为 10 的圆，圆心位于坐标原点。将这个圆复制

出 3 个，4 个圆沿 Z 轴向垂直排列，如图 6-12 所示。

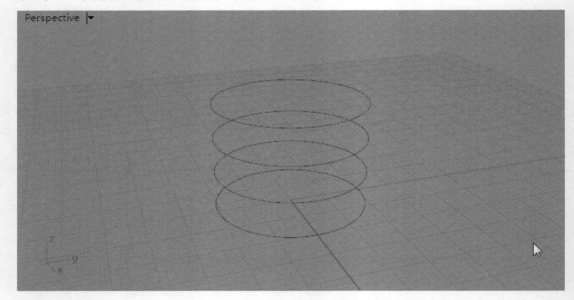

图 6-12　创建四个圆圈

新建 GH 工作区，将标签面板 Params 下 Geometry 中的 Curve(参数→几何→曲线)拖动到工作区，在工作区创建 Crv 运算器。

在 Crv 运算器上右击，在弹出的快捷菜单中选择 Set Multiple Curves(设置多重曲线)命令，再到 Rhino 视图中拾取上一步骤绘制的 4 个圆圈，将其转换为 GH 曲线，如图 6-13 所示。

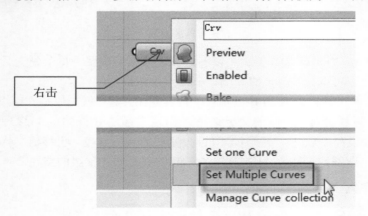

图 6-13　创建曲线运算器

6.3.2　细分曲线

将标签面板 Curve 下 Division 中的 Divide Curve(曲线→细分→细分曲线)拖动到工作区，在工作区创建 Divide 运算器。将 Crv 运算器与 Divide 运算器的 C 端口相连接。视图中的 4 个圆圈上将显示细分的顶点，如图 6-14 所示。

加载一个 Slider 滑块运算器，取值范围设置为 2～10，舍入方式为整数。将其与 Divide 运算器的 N 端口相连接。这样，拖动滑块即可设置圆周上细分顶点的数量，如图 6-15 所示。

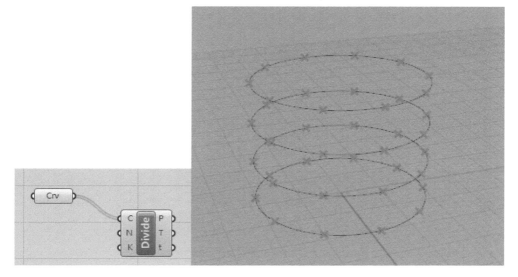

图 6-14　细分曲线的结果

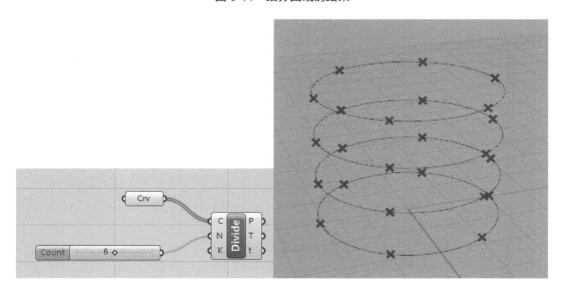

图 6-15　滑块运算器控制顶点的数量

6.3.3　查看顶点数据

将标签面板 Curve 下 Spline 中的 Interpolate(曲线→样条线→差值)拖动到工作区，在工作区创建 IntCrv 运算器。将 IntCrv 运算器的 V 端口与 Divide 运算器的 P 端口相连接。再加载一个 Panel 运算器，即可在其面板中显示每一个顶点的三维坐标数据，如图 6-16 所示。

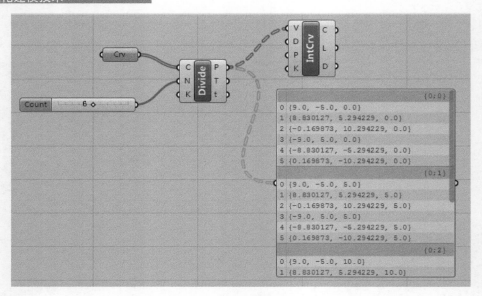

图 6-16　显示每个顶点的三维坐标

6.3.4　Path Mapper 运算器

将标签面板 Sets 下 Tree 中的 Path Mapper(路径映射器)拖动到工作区，在工作区创建路径映射器运算器。可以使用这个运算器通过编写路径重新组织数据树结构，并可以替代某些其他组件使用。

双击 Path Mapper 运算器，打开 Lexer Combo Editor 对话框。在当前情况下，首先想要连接的两个点是初始的{0;0}及其指数(0)，第二个点是{0;1}(0)。我们希望它们都加入一个路径之中，就是{0,0}(0)和{0;0}(1)。

在 Path Mapper 运算器的 Lexer Combo Editor 对话框中，可以使用占位符输入通用路径，并将如何改变写进目标。

在 Source 文本框中输入 {0;a}(i)；在 Target 文本框中输入 {0;i}(a)，单击 OK 按钮结束设置。Path Mapper 运算器上将显示输入的路径，如图 6-17 所示。

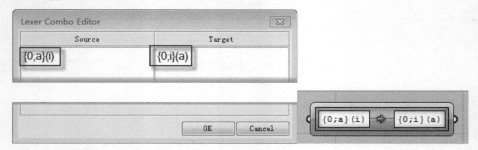

图 6-17　Path Mapper 运算器的设置

将 Path Mapper 运算器与 Panel 相连接，再与 IntCrv 运算器相连接，如图 6-18 所示。视图中圆圈对应的顶点被绿色的线条连接了起来，如图 6-19 所示。

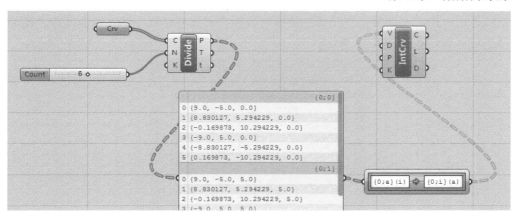

图 6-18　Path Mapper 运算器的连接

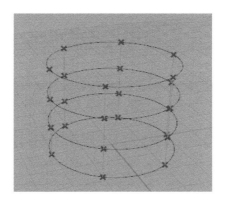

图 6-19　顶点间产生连线

6.3.5　圆圈的复制

本节来验证一下以上的设置是否具有通用性。

在 Rhino 中，选中 4 个圆圈中的任意一个，将其随意复制几个，如图 6-20 所示。

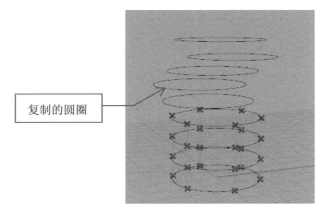

复制的圆圈

图 6-20　复制几个圆圈

在 GH 中，用 Crv 运算器把视图中的所有圆圈全部重新拾取一遍，所有圆圈之间的对应顶点都生成了连线，如图 6-21 所示。

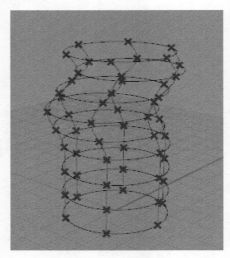

图 6-21　所有圆圈之间都产生了连线

6.4　桁架曲面的构建

本节将讲解一个构建表面的案例。我们将创建一个对角线网格面，这个方法可以直接用于构建建筑物的外立面，有若干著名建筑正是遵循了这种构建方法。

6.4.1　创建 GH 曲面

打开本书下载资源中的文件 chapter_6_4.3dm，这是一个由三条曲线放样生成的曲面，如图 6-22 所示。

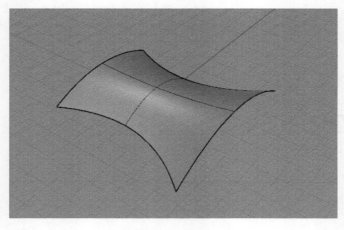

图 6-22　打开曲面

将标签面板 Params 下 Geometry 中的 Surface(曲面)拖动到工作区，在工作区创建 Srf 运算器。在 Srf 运算器上右击，在弹出的快捷菜单中选择 Set One Surface 命令，再到视图中单击拾取上述曲面，将其转换为 GH 曲面。

再次在 Srf 运算器上右击，在弹出的快捷菜单中选择 Reparemeterize(再参数化)命令，对曲面进行参数重构，目的是使曲面的 UV 坐标在 0～1 之间。

6.4.2　曲面的细分

将标签面板 Maths 下 Domain 中的 Divide Domain(细分面域)拖动到工作区，在工作区创建 Divide 运算器。

再创建一个滑块运算器，取值范围是 2～10，舍入方式为整数，将这个滑块运算器复制一个，将两个滑块运算器分别与 Divide 运算器的 U、V 端口相连接，如图 6-23 所示。

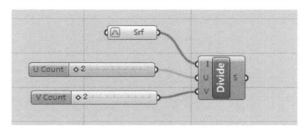

图 6-23　细分运算器的设置

将标签面板 Surface 下 Util 中的 Isotrim(表面→通用→Iso 修剪)拖动到工作区，在工作区创建 SubSrf 运算器，将该运算器与 Srf 和 Divide 运算器相连接，如图 6-24 所示。

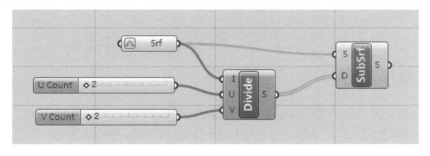

图 6-24　SubSrf 运算器的连接

6.4.3　图层的设置

为了方便观察对 GH 曲面的操作，可以将 Rhino 曲面暂时关闭显示。具体设置如下。

(1)　在 Rhino 中打开"图层"面板。

(2)　在"图层"面板中新建一个图层，例如 layer01。

(3)　将曲面加载到图层 layer01 中，关闭这个图层的显示，如图 6-25 所示。

(4)　在 Srf 运算器上右击，在弹出的快捷菜单中选择 Preview 命令，关闭该运算器的预览效果。拖动 U Count 和 V Count 两个滑块改变 UV 方向的细分，在视图中可以看到曲面得

到了相应的细分，如图 6-26 所示。

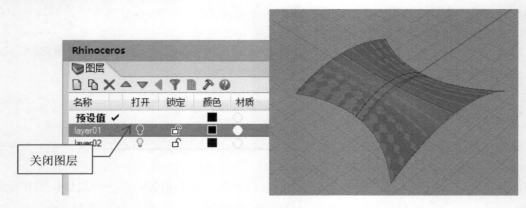

图 6-25　关闭曲面的显示

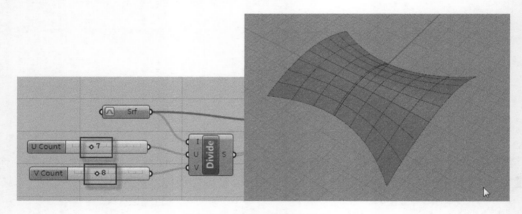

图 6-26　曲面的细分设置

6.4.4　收集顶点

本节将收集曲面上每个面片(Patch)4 个顶点的数据。

将标签面板 Surface 下 Analysis 中的 Deconstruct Brep(解构边界)拖动到工作区，创建 DeBrep 运算器。这个运算器可以把曲面分解成一个个区块。

将 DeBrep 运算器与 SubSrf 运算器相连接，曲面上所有的顶点都被高亮显示，如图 6-27 所示。

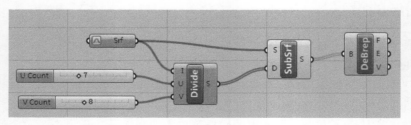

图 6-27　解构曲面

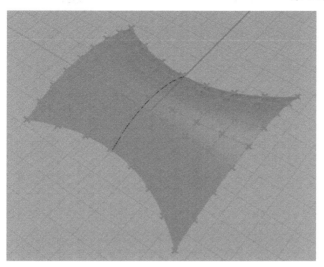

图 6-27　解构曲面(续)

现在可以加载一个 Panel 运算器，与 DeBrep 运算器的 V 端口相连接，查看每个顶点的坐标数据，如图 6-28 所示。

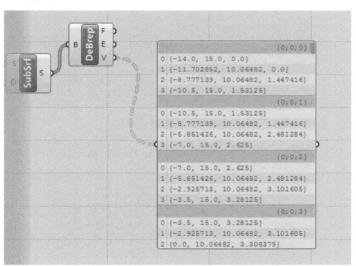

图 6-28　每个顶点的坐标数据

6.4.5　分支顶点

分支顶点通常采用 List Item 运算器，该运算器用于提取数列中指定序号的一个数或数组。在这里我们只使用顶点，创建四个列表项，并收集各个顶点整个列表。

将标签面板 Set 下 List 中的 List Item(列表项目)拖动到工作区，创建 Item 运算器，将其与 DeBrep 运算器的 V 端口相连接。再创建一个 Panel 运算器，参数设置为 0，将其与 Item 运算器的 i 端口相连接，如图 6-29 所示。

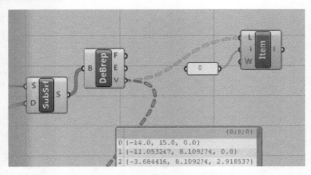

图 6-29　Item 运算器的连接

选中 Item 运算器，视图中曲面上所有 0 分支的顶点都以绿色高亮显示，如图 6-30 所示。

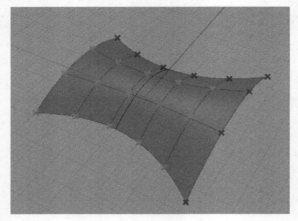

图 6-30　高亮显示顶点

接下来按照上面的步骤，再复制出 3 个 Item 和 Panel 运算器。将 Panel 运算器的参数分别设置为 1、2 和 3，如图 6-31 所示。

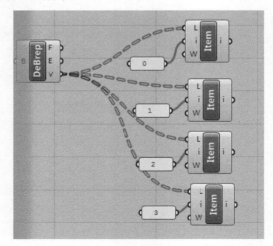

图 6-31　创建 3 个 Item 运算器

最后,将本节创建的运算器按功能设置为两个群组,命名为 subdivide surface 和 get vertex groups,如图 6-32 所示。

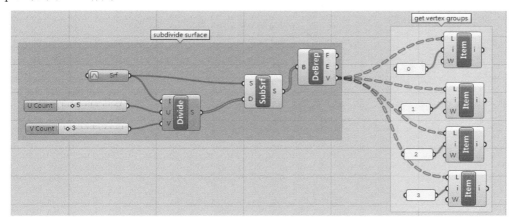

图 6-32 运算器的分组

6.4.6 构建立体网格模型

我们已经收集到了曲面上所有的点,本节就举例如何产生点之间的连线并将这些连线处理成管状的立体模型。

首先将标签面板 Curve 下 Primitive 中的 Line(样条线)拖动到工作区,创建 Ln 运算器。将 0 分支的 Item 运算器与 Ln 的 A 端口相连接,2 分支的 Item 运算器与 Ln 的 B 端口相连接,曲面上将出现对角线,如图 6-33 所示。

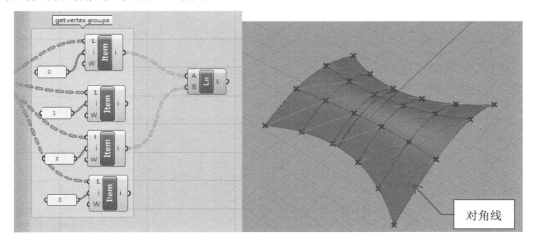

图 6-33 曲面上生成对角线

复制一个 Ln 运算器,将 1 分支和 3 分支与其相连接,将会得到另一个方向的对角线,如图 6-34 所示。

将标签面板 Surface 下 Freeform(自由形态)中的 Pipe(管子)拖动到工作区,创建 Pipe 运算器。将两个 Ln 运算器与其相连接,视图中的所有对角线都变成了管状,如图 6-35 所示。

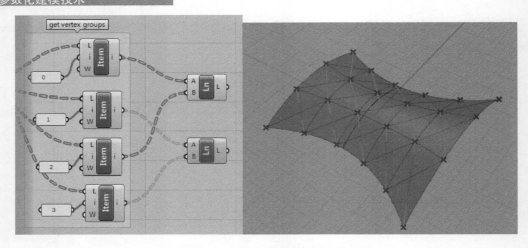

图 6-34　生成另一方向的对角线

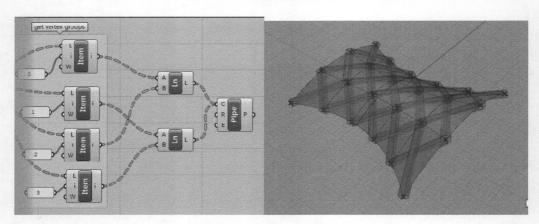

图 6-35　对角线变为管状

要改变圆管的直径，可以给 Pipe 运算器的 R(Radius)端口连接一个滑块运算器，拖动滑块就可改变圆管的半径了，如图 6-36 所示。

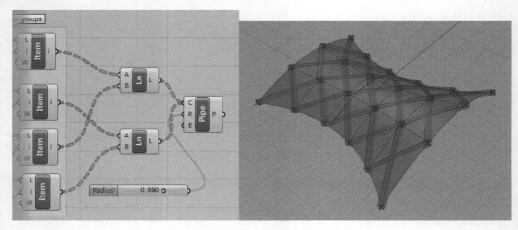

图 6-36　滑块控制圆管半径

　　读者可以自行设置一下 U Count 和 V Count 的参数，改变网格的密度，再将 DeBrep 运算器的预览功能关闭，这样所有的曲面都被隐藏，可以更好地显示立体的网格效果，如图 6-37 所示。

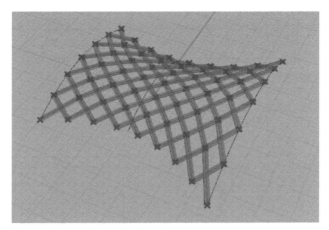

图 6-37　立体的网格

　　读者还可使用其他曲面制作类似的效果。如图 6-38 所示，就是将一个圆环模型转换为桁架网格的例子。

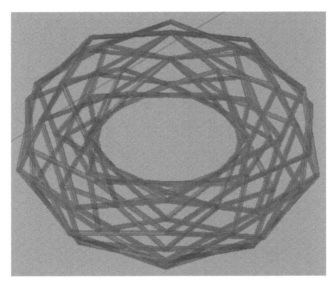

图 6-38　圆环的网格化效果

6.5　制作桁架的另一种方法

　　本节再讲解一个半球形立体桁架的制作方法。本例采用与 6.4 节完全不同的方法，使用一系列圆圈进行构建。本例的另一个特点是不使用 Rhino 建模，完全用 GH 进行创建。

6.5.1　GH 创建系列圆圈

将标签面板 Curve 下 Primitive 中的 Circle(圆圈)拖动到工作区，创建 Cir 运算器。同时视图中的坐标原点位置将出现一个半径为 1 的圆圈，如图 6-39 所示。

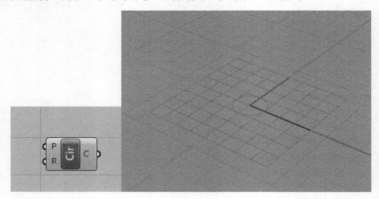

图 6-39　采用 GH 创建圆圈

将标签面板 Sets 下 Sequence(序列)中的 Series(系列)拖动到工作区，创建 Series 运算器。将标签面板 Vector(矢量)下 Point(点)中的 Construct Point(构建顶点)拖动到工作区，创建 Pt 运算器。

将三个运算器连接起来，视图中将出现沿 Z 轴(Series 与 Pt 的 Z 端口相连)垂直阵列的 10 个圆圈，如图 6-40 所示。

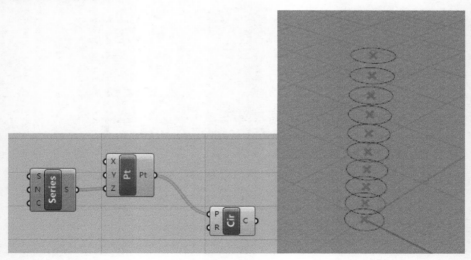

图 6-40　生成系列圆圈

创建两个滑块运算器，分别命名为 floor distance(取值范围 3~10)和 levels(取值范围 1~20，舍入方式为整数)。

将两个滑块运算器分别与 Sersie 运算器相连接，floor distance 用于控制相邻两个圆圈之间的距离，levels 用于控制圆圈的数量，结果如图 6-41 所示。

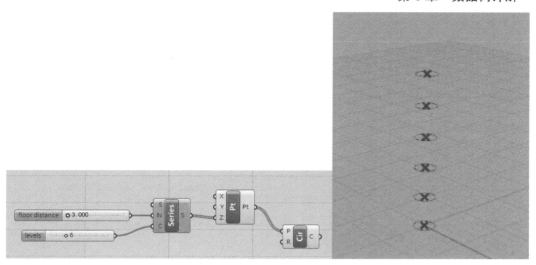

图 6-41　控制圆圈的数量和距离

6.5.2　改变系列圆圈的轮廓

目前我们已经可以控制圆圈的数量和间距，本节将讲解如何使用 Graph Mapper(曲线绘图)运算器批处理系列圆圈的外轮廓形状。

将标签面板 Params 下 Input 中的 Graph Mapper(曲线绘图)拖动到工作区，创建 Graph Mapper(曲线绘图)运算器，该运算器的外形就像一个绘图的屏幕，如图 6-42 所示。

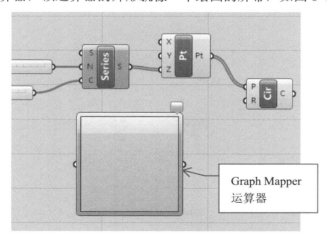

图 6-42　Graph Mapper 运算器

将标签面板 Sets 下 Sequence 中的 Range(范围)拖动到工作区，创建 Range 运算器，再创建一个减法运算器和一个 Panel 运算器。将几个运算器连接起来，如图 6-43 所示。

在 Graph Mapper 运算器上右击，在弹出的快捷菜单中选择 Graph types→Bezier(贝塞尔曲线)命令。Graph Mapper 运算器上将出现轮廓曲线和调节手柄，默认的贝塞尔曲线是一条 45°角的直线，黑色的小圆圈就是调节手柄，如图 6-44 所示。

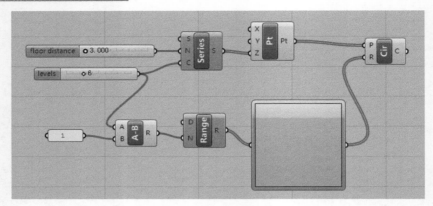

图 6-43　几个运算器的连接

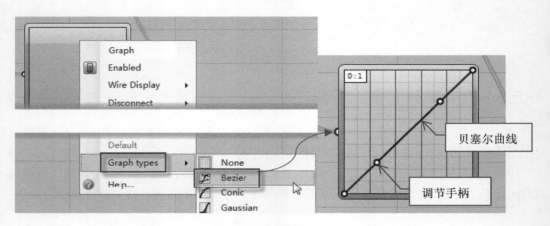

图 6-44　设置绘图类型

再加载一个乘法运算器和一个滑块运算器(取值范围为 0～20)，将它们和已经创建的运算器连接起来，具体连接方式如图 6-45 所示。

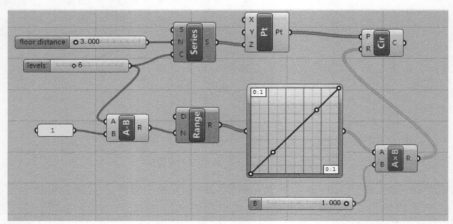

图 6-45　乘法运算器的连接

接下来，就可以在 Graph Mapper 运算器上使用手柄编辑贝塞尔曲线了，视图中系列圆圈的轮廓也随之发生变化，如图 6-46 所示。

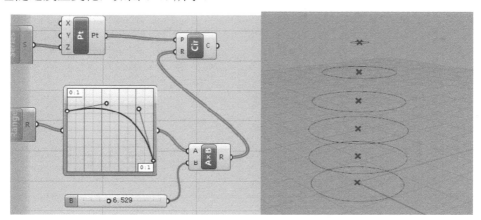

图 6-46　编辑系列圆圈的轮廓

6.5.3　顶点的连线

将标签面板 Curve 下 Division 中的 Divide Curve(细分曲线)拖动到工作区，创建 Divide 运算器。将 Divide 运算器与 Cir 运算器相连接。视图中的所有圆圈上都出现了细分的顶点，如图 6-47 所示。

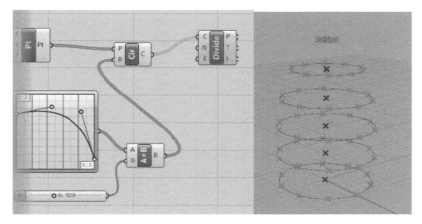

图 6-47　细分顶点的结果

创建一个滑块运算器，取值范围为 4～20，舍入方式为整数。将滑块运算器与 Divide 运算器的 N 端口相连接，这样就可以用滑块设置圆周上的顶点数量了。

顶点连线的设置如下。

将标签面板 Sets 下 Tree 中的 Flip Matrix(翻转矩阵)拖动到工作区，创建 Flip 运算器。将标签面板 Curve 下 Spline 中的 Interpolate(曲线→样条线→插值)拖动到工作区，创建 IntCrv 运算器。将 Flip、IntCrv 和 Divide 连接起来，系列圆圈的对应顶点之间生成了连线，形同一个鸟笼，如图 6-48 所示。

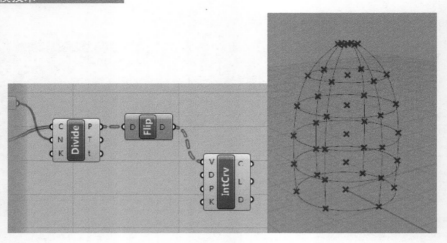

图 6-48　顶点连线设置

6.5.4　扭转曲线

本节将把线框编辑成一种扭转效果。

将标签面板 Transform 下 Euclidean(欧几里得)中的 Rotate Axis(旋转轴)拖动到工作区，创建 RotAx 运算器。将其与 Cir 运算器相连接，视图中的系列圆圈呈现水平状态，如图 6-49 所示。

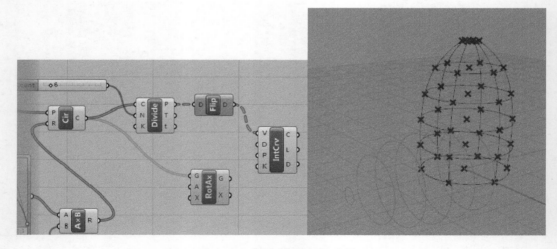

图 6-49　RotAx 运算器的连接

再创建几个运算器如下。

将标签面板 Curve 下 Primitive 中的 Line(线)拖动到工作区，创建 Ln 运算器；将标签面板 Vector 下 Plane 中的 XY Plane(XY 平面)拖动到工作区，创建 Ln 运算器；将标签面板 Vector 下 Vector 中的 Unit Z(Z 单位)拖动到工作区，创建 Z 运算器。

将上述几个运算器连接起来，具体连接如图 6-50 所示。这样连接的目的是使系列圆呈垂直排列。

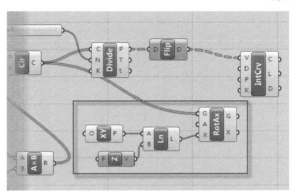

图 6-50　4 个运算器的连接

将标签面板 Sets 下 Sequence 中的 Series(设置→序列→系列)拖动到工作区，创建 Series
运算器。将该运算器的 S 端口与 Rotate Axis 运算器的 A 端口相连接，C 端口与 levels 运算器
相连接，用意是这个序列的数量受到 levels 运算器的控制。

创建一个滑块运算器，与 Series 运算器的 N 端口相连接，这个滑块运算器用于设置扭转
的角度。

再将 Rotate Axis 的 G 端口与 Divide 运算器的 C 端口相连接，视图中的线框将产生扭转，
呈现一种螺旋效果，如图 6-51 所示。

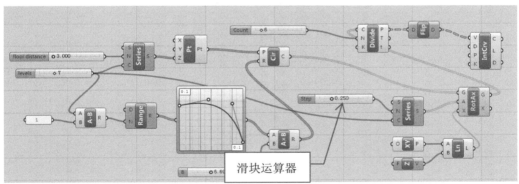

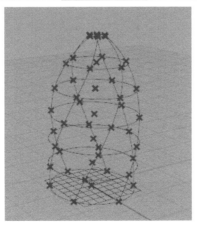

图 6-51　产生扭转效果的设置

6.5.5 双螺旋曲线的构建

6.5.4 节设置完成了一种螺旋状的线框，为了使桁架更加美观，本节继续处理线框，使之成为一种双螺旋结构。

将标签面板 Maths 下 Operators (运算器)中的 Negative(负数)拖动到工作区，创建 Neg 运算器，将该运算器与 Series 运算器相连接。

将 Divide、Flip 和 IntCrv 3 个运算器复制一份，结果如图 6-52 所示。

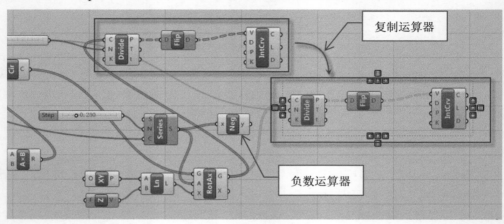

图 6-52　复制 3 个运算器

将 RotAx 运算器复制一个，将 Neg 的 y 端口与复制出来的 RotAx 运算器 A 端口相连接。RotAx 运算器 G 端口与上一步复制的 Divide 运算器的 C 端口相连接，如图 6-53 所示。

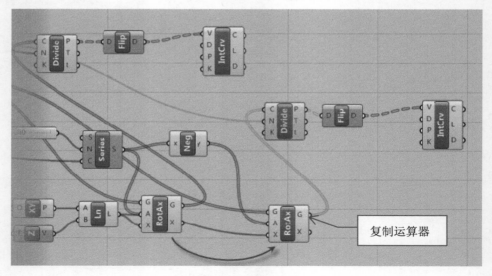

图 6-53　复制 RotAx 运算器

将 Step 滑块设置为 0.5 左右，即可产生双螺旋效果，如图 6-54 所示。

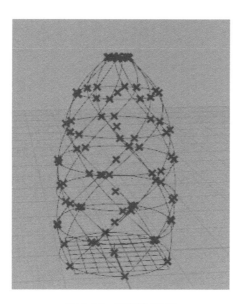

图 6-54　双螺旋效果

6.5.6　构建立体网格

本节将为双螺旋线框加上圆管，成为一个三维桁架。

将标签面板 Surface 下 Freeform 中的 Pipe(圆管)拖动到工作区，创建 Pipe 运算器。

将两个 IntCrv 运算器的 C 端口都与 Pipe 运算器的 C 端口连接起来，视图中的线框都被加上了圆管，如图 6-55 所示。

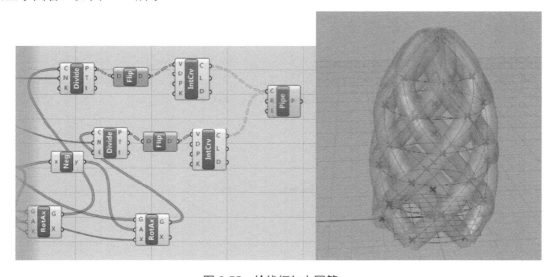

图 6-55　给线框加上圆管

最后，为 Pipe 运算器的 R 端口加上一个滑块运算器，用于控制圆管的半径，如图 6-56 所示。

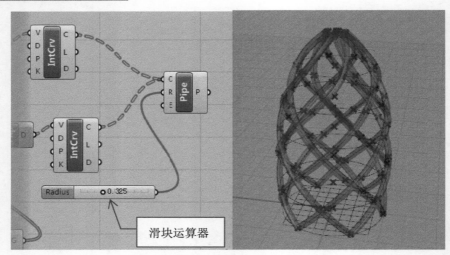

滑块运算器

图 6-56　用滑块控制圆管半径

至此，读者可以调节几个滑块，设置自己喜欢的效果了。

本章小结

　　数据的处理和数据树的概念是参数化建模所特有的，也是十分重要的概念。手工建模人士理解这部分内容会有较大的挑战，因此一定要多实践后面的几个案例，从中认真体验数据树对于参数化建模的作用和重要性。

第 7 章

使用 Galapagos
进行优化和提升

内容提要:

- 什么是 Galapagos
- 如何设置 Galapagos
- 优化参数达到目标面积

当建筑模型创建完成之后，如果已经有了一个最终的验收"标准"参数，并且需要在若干个参数之间进行优化匹配，这时采用 Galapagos 之类的进化求解程序是明智的选择。如果采用手工的方式计算匹配的话，将面临巨大的计算量。

7.1　什么是 Galapagos

7.1.1　Galapagos 概述

Galapagos 是 GH 的一个进化求解程序，这是 GH 的一个数字得到一个合适的方法和最优解设计。用户通过定义某些输出值最大化(或最小化)，然后单击面板中的解算器，解算器将开始调整这些参数并监控输出参数，直到最终数值优化，如图 7-1 所示为 Galapagos 的 Logo。

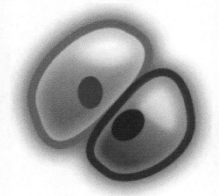

图 7-1　Galapagos 的 Logo

Galapagos 安装在所有最近的 GH 版本中，它不是一个简单的运算器，在尝试优化之前，用户需要将它的设计转化为几个数字，然后给出一个总分(最大值或最小值)。

7.1.2　关于进化求解程序

其实在进化算法和基因算法里并没有特别新的理论出现，该领域的第一篇文献出现在 20 世纪 60 年代，由 Lawrence J. Fogel 出版的具有里程碑意义的论文《智能组织》，这篇论文使人们开始致力于研究遗传算法。

20 世纪 70 年代又由 Ingo Rechenberg 和 Jon Henry 的工作进一步带动了进化算法的发展，遗传算法直到 1986 年才因为 Richard Dawkins 的 The Blind Watchmake 而广为人知，里面有个小的例子，基于人类的选择仍然会产生无尽的被称为"生态形变"的动作计划。

20 世纪 80 年代由于个人计算机的出现，使得每个人都可以将进化算法用于个人项目而不用政府提供资金支持，从此进化算法开始像日常话题一样进入公众视野。如图 7-2 所示为 Galapagos 宣传画。

图 7-2　Galapagos 宣传画

7.1.3　Galapagos 的运行特点

本节将简单介绍进化算法是如何运行的。下面会用一系列的图片来展示它是如何运行的，每一张图都记录了在特定时刻的"代"的关系，在开始之前，先解释一下图 7-3 的含义。

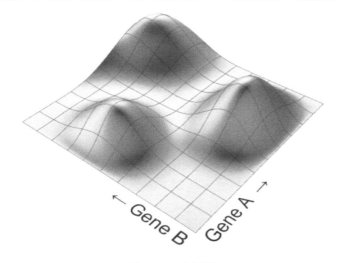

图 7-3　示例图片

可以把图 7-3 当成一个特别的景观模型(类似于山脉)，这个模型包含了两个变量，它们可以同时变化。在进化算法中我们习惯把变量称为基因。当改变基因 A 的时候结果会变好或者变坏(取决于我们希望它变好还是变坏)来匹配适合模型的状态。所以，当基因 A 改变时，整个模型都在变化。同理，在基因 A 发生变化时，基因 B 也可以同时参与变化，这时出来的结果就是 A 和 B 同时起的作用。每一个 A 和 B 所产生出来的结果都被反映在这个模型的 Z 轴高度上，因为我们的任务就是找出这几个山峰的最高点。

需要说明的是，大量的问题并非简单地通过两个基因就能确定，而是需要很多基因，所以严格意义上来讲，不能用景观(山脉)这个概念来解释。试想，一个用 12 个变量确定的将会是一个 12 维体扭曲在 13 维空间里，而不再是二维平面扭曲在三维空间里。所以用一个二维的模型是不可能展示出来 12 维物体的，大多数时候我们遇到的情况要比上面这个二维世界的图复杂得多。

当这个进化算法开始的时候，其实计算机是不知道这个山脉景观的，如果计算机会像我们一样一眼看出来这个山脉的高低，那么一开始就不用这么麻烦去弄一大堆的数据。所以，在一开始，计算机就要用一大堆随机的点(基因组)来给它塑形。基因组就是一组数据。在这个例子里，一个基因组就相当于 A=0.2、B=0.5 的一个坐标。计算机计算过每一个随机的基因组，并且适应化之后，我们就可以看到如图 7-4 这样的分布。

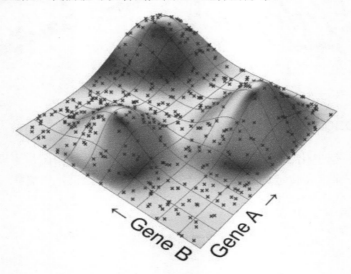

图 7-4 随机的基因组

一旦知道了这些基因组(图 7-5 中山峰上的点)匹配这个山脉的程度，就可以通过匹配的程度——非常匹配或者差一些的，来给它们分级。我们是在寻找这个山脉上位置较高的点，所以有充足的理由来假设这些位置较高的基因组要比位置靠下的基因组更加接近顶端，可以把那些不符合条件的点删除，而只关注那些剩下来的符合条件的点。

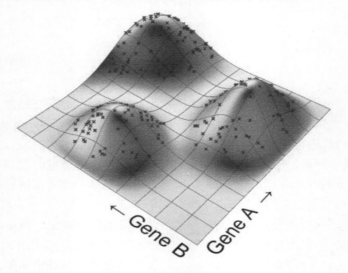

图 7-5 山峰上的点

如果我们只是把位置较好的基因从第一代提取出来并且停止工作，这样并不是很好，因为 0 代基因是随机生成的点，或许这些随机的点中就有一个恰好在这个山脉的顶端。所以我们要做的是，把第一代表现优良的基因组取出来并且让它们培育第二代，它们的后代会在这个原来父代模型空间的中间区域，所以也相当于扩展到了新的空间，结果如图 7-6 所示。

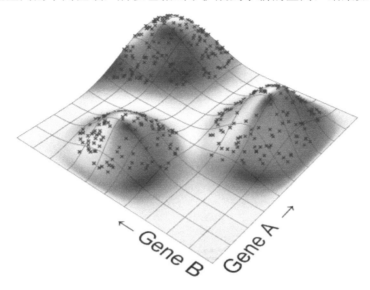

图 7-6　基因培育的结果

现在我们有了新的一代基因，并且这一代基因并不是完全的随机了，而是更加成组团地靠近 3 个山峰。后面我们要做的就是重复上一步(删掉那些不符合要求的点，培育那些表现好的点)，直到找到到达最顶峰的点，如图 7-7 所示。

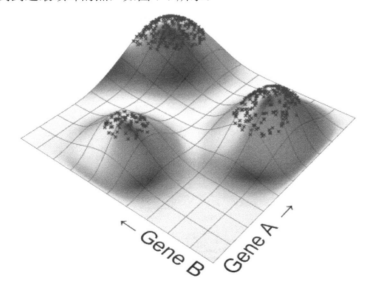

图 7-7　顶峰上的点

7.2 一个简单的案例——如何设置 Galapagos

本节是一个数值优化的例子，试图找到一个合适的值使两个滑块得到期望的结果。两个滑块的差的绝对值计算，Galapagos 将尽量使结果最小化(接近或达到 0)。这两个值时才会相等。本例中没有使用"等"，但是它展示了如何设置和运行 Galapagos。

7.2.1 求差值的运算器设置

新建 GH 工作区，创建运算器。

首先创建两个滑块运算器。将标签面板 Maths 下 Script 中的 Evaluate(数学→脚本→求值)拖动到工作区，创建 Eval 运算器，如图 7-8 所示。该运算器用于计算一个表达式或变量的数值。

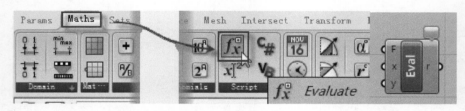

图 7-8　创建 Evaluate 运算器

将两个滑块运算器分别与 Eval 运算器的 x 和 y 端口相连接。滑块的名称也相应地变为 Variable x(变量 x)和 Variable y(变量 y)。

创建一个 Panel 运算器，在其面板中输入算式 Abs(x-y)，将其与 Eval 运算器的 F 端口相连接，如图 7-9 所示。

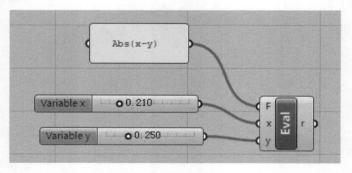

图 7-9　Panel 运算器和算式

这几个运算器的连接，可以计算出 x 和 y 两个数值的差。但是要看到差的数值还需要再加上一个 Panel 运算器。创建一个 Panel 运算器，将其与 Eval 运算器的 r 端口相连接，如图 7-10 所示。

与 r 端口相连接的 Panel 运算器面板上将实时显示 x 和 y 两个变量的差(绝对值)。例如，图 7-10 中，x 为 0.710，y 为 0.500，差值即为 0.21。

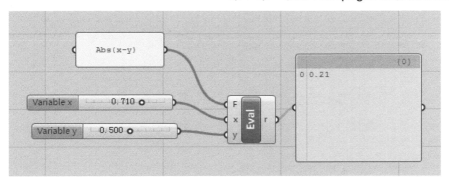

图 7-10　用于显示计算结果的 Panel 运算器

7.2.2　加载 Galapagos

将标签面板 Params 下 Util 中的 Galapagos(参数→通用→Galapagos)拖动到工作区，创建 Galapagos 运算器，如图 7-11 所示。

图 7-11　加载 Galapagos 运算器

Galapagos 运算器图标包括两个端口，一个是左上角的 Genome(基因组)，这个是用于输入数据的端口；另一个是下方的 Fitness(适配)端口，用于输出数值优化结果，如图 7-12 所示。

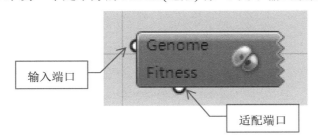

图 7-12　Galapagos 的端口

从 Galapagos 运算器的 Genome 端口，用鼠标拖动到 Variable x 滑块运算器上释放，此时会有一条带箭头的红线将二者连接起来，如图 7-13 所示。

按住 Shift 键将 Genome 端口与 Variable y 运算器连接起来，如图 7-14 所示。

将标签面板 Params 下 Primitive 中的 Number(参数→基本→数字)拖动到工作区，创建 Num 运算器。

将 Num 运算器与 Eval 和 Panel 运算器连接起来，再将 Galapagos 的 Fitness 端口与 Num 运算器连接起来。Num 运算器是为了供 Galapagos 采集数据，如图 7-15 所示。

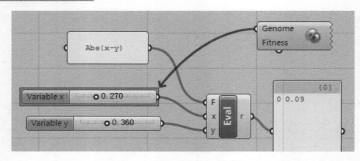

图 7-13　Galapagos 运算器的连接

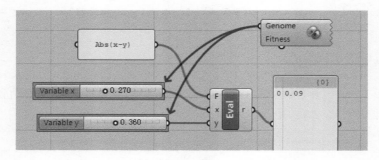

图 7-14　与 Variable y 运算器连接

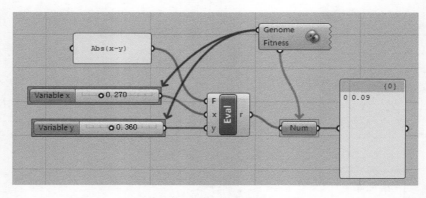

图 7-15　Number 运算器的连接

7.2.3　Galapagos 的解算

Galapagos 通常的解算流程如下。

(1) 底部连接会问一个数值结果，这是目标，Galapagos 将试图最大化或最小化。

(2) 左连接拖到"输入"滑块，可以调整 Galapagos 影响目标值。

(3) Galapagos 双击编辑器的组件设置计算。

(4) 在选择标签页，设置整体适配目标(选择"最小化""最大化")。

(5) 在解决标签页，可以选择可用的解决方案，开始计算。

(6) 最后，可以使用选项卡页记录检查的结果。

在 Galapagos 运算器图标上双击，打开其设置面板。首先在 Options 选项卡中，将 Fitness

设置为 Minimize(最小)，如图 7-16 所示。

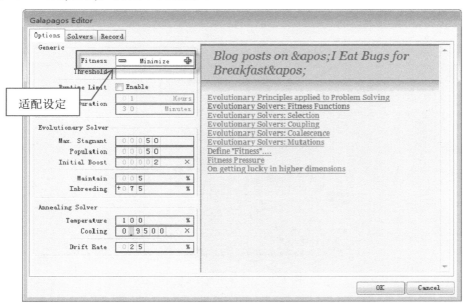

图 7-16　Galapagos 的适配设定

　　然后选择 Galapagos 面板的 Solvers 选项卡，单击 Start Solver(开始结算)按钮开始解算，如图 7-17 所示。上方的图表是解算进程表，实时展示解算的进程；下方的前两个窗口是可视化展示窗口，第三个窗口是解算结果。用户可以视需要单击 Stop Solver(停止结算)按钮停止解算，如图 7-17 所示。

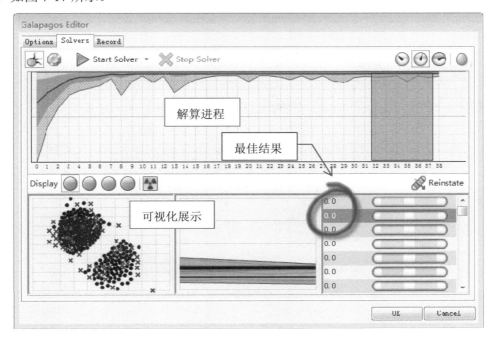

图 7-17　Galapagos 解算过程

解算停止后，用户可以在解算结果窗口中选择某个需要的结果，并单击窗口上方的 Reinstate(恢复)按钮，将结果恢复到 GH 的两个滑块运算器上，如图 7-18 所示。

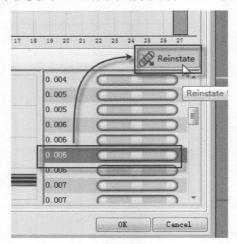

图 7-18　恢复解算结果

7.3　第二个案例——优化参数达到目标面积

本节的案例更具实用价值。本节使用一个小塔楼作为案例，所有的楼层受到一定条件的约束(如楼板的宽度只能在 10～20 之间)。楼板的圆周是固定的，但是楼板的长度、宽度和楼层的数量是可以根据解算而定。我们将使用 Galapagos 优化建筑物的参数，去接近一个给定的目标面积。

7.3.1　加载 GH 场景

打开资源包中的 chapter_7_3.gh 文件，这是一个已经编辑好的 GH 场景文件，如图 7-19 所示。

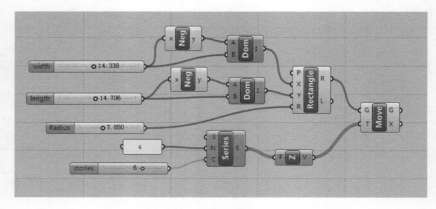

图 7-19　chapter_7_3.gh 文件

该文件在视图中是如图 7-20 所示的几个相同大小、垂直排列的倒角矩形。

Rectangle 运算器产生矩形，矩形的 X 和 Y 的长度由 width 和 length 两个滑块运算器控制。Neg(Negative)运算器用于产生中心对称效果。

矩形的间距和数量由 Move 运算器生成，Series 运算器用于产生系列矩形，stories 滑块控制矩形的数量。读者可以自行操纵测试。

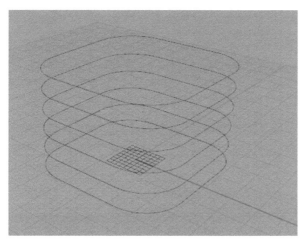

图 7-20　视图中的系列矩形

7.3.2　楼层面积的设定

将标签面板 Surface 下 Analysis 中的 Area(表面→分析→面积)拖动到工作区，创建 Area 运算器。将 Area 运算器与 Move 相连接。再创建一个 Panel 运算器，与 Area 相连接。Panel 上将显示每层楼板的面积，如图 7-21 所示。

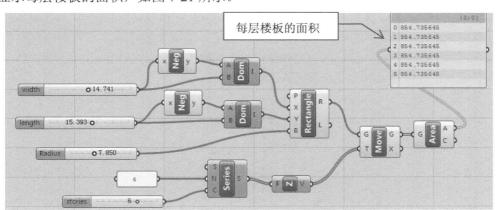

图 7-21　显示每层楼板的面积

将标签面板 Maths 下 Operators 中的 Mass Addition(总和)拖动到工作区，创建 MA 运算器。将 MA 运算器与 Area 和 Panel 运算器相连接。这样，Panel 面板上将显示楼板的总面积，如图 7-22 所示。

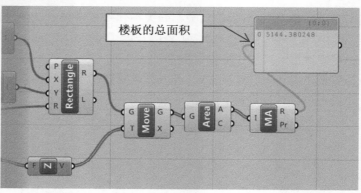

图 7-22　显示楼板总面积

在 Panel 运算器上右击，将其命名为 total area(总面积)，并将 Draw Paths(显示行)和 Draw Indices(显示列)关闭显示。这样面板上将只显示总面积的数值，显示效果更加简洁，如图 7-23 所示。

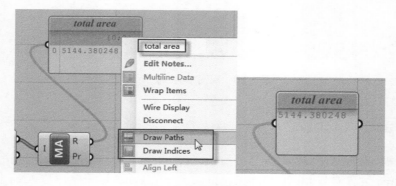

图 7-23　改变显示效果

再创建一个 Panel 运算器，将其命名为 target area(目标面积)，参数设置为 8500，也就是后面需要用 Galapagos 解算的楼层目标总面积。创建一个减法运算器，一个 Abs(绝对值)运算器(Maths 下 Operators 中的 Absolute)和一个 Panel 运算器，命名为 difference(差值)。

将上述 5 个运算器连接起来，如图 7-24 所示。

图 7-24　5 个运算器的连接

这里通过减法运算器(A-B)计算出 target area 和 total area 之间的差值，差值显示在 difference 面板中。

7.3.3　解算

在 7.3.2 节中已经做好了相关的运算器，现在需要用 Galapagos 进行解算，只要解算出最小的 difference(差值)，就是需要的结果了。

首先需要创建一个 Num 运算器为 Galapagos 采集数据之用。将标签面板 Params 下 Primitive 中的 Number(数值)拖动到工作区，创建 Num 运算器。将 Num 运算器与 Abs 运算器的 y 端口相连接。

加载 Galapagos，将 Fitness 端口与 Num 运算器相连接，如图 7-25 所示。

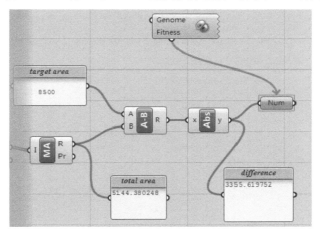

图 7-25　Galapagos 的连接

再将 Galapagos 的 Genome 端口与 width、length、Radius 和 stories 4 个滑块运算器相连接，如图 7-26 所示。

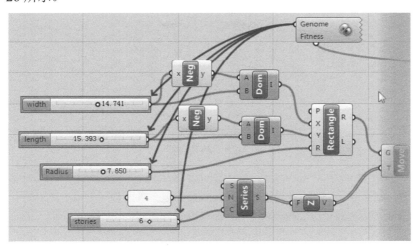

图 7-26　Genome 端口的连接

双击 Galapagos，打开其设置面板。在 Options 选项卡中，将 Fitness 设置为 Minimize(最小值)，如图 7-27 所示。

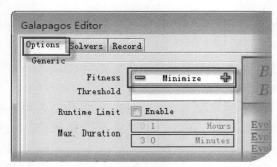

图 7-27　Fitness 的设置

选择 Solvers 选项卡，单击 Start Solver 按钮开始解算。当结果逐渐逼近 0 的时候，单击 Stop Solver 按钮停止解算，如图 7-28 所示。

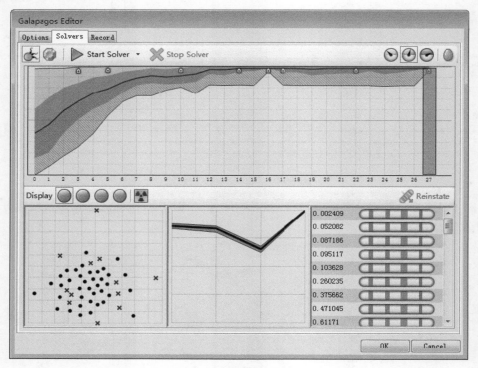

图 7-28　解算结果

接下来，可以在解算结果窗口中选择合适的解算结果，并恢复到 GH 的相应按钮上。例如，笔者解算出来最接近 0 的一个结果是 0.002409，则可以单击这个结果，然后再单击 Reinstate 按钮，将结果数据显示在 GH 的几个滑块运算器上，这样就求得了最佳的结果，如图 7-29 所示。

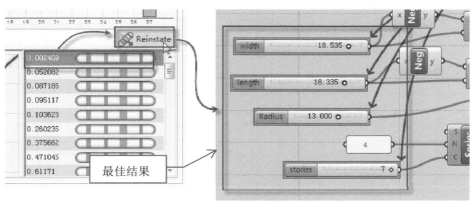

图 7-29　恢复最佳结果

最后需要提醒读者注意的是，即便是同一个 GH 文件，每次的解算结果也不是完全一致的，只要得到接近目标值的结果就可以了。

这个例子包含如下小技巧。

- 矩形由两个滑块控制，都定义一个域使用一个小表达式，即下限是"–A/2"，上限是"B / 2"，这样一个滑块可以控制两个值定义的域。
- 地板的面积计算使用表面→分析→面积组件(这也适用于封闭的平面曲线)，然后总计全部的面积使用 Maths 下 Operators 中的 Mass Addition(质量增加)组件，这需要输入一个 Maths 下 Operators 中的 Absolute(绝对值)组件。

有关优化的几点提示

以下几点技巧可以帮助用户建立一个可用的适应度函数。

- 如果你有目标值需要达到(如一个目标面积)，计算与实际值的差，所以 0 是最优，使用一个绝对值可以最小化，这允许用户调整目标，而无须在解算器中调整设定值。
- 另一个设定一个期望的结果为特定的结果，是使用抛物线函数(如数值*数值)，这个函数的最小值最优，不要使用最大优化。
- 另一个替代方法是使用除法(division)，用 1 作为最优的结果。
- 总计不同的条件时，权重值的选择相当重要。参照面积(数百平方米)和尺寸(几十米)比较定价(数千欧元)，就意味着定价总是均衡的。
- 确保不要比较线性的二次或三次的数值，计算结果会是多变的。

下篇 案例篇

第8章
初始化设置

内容提要:

- 构建初始平面和等分角
- 初始计算和第二个角度
- 计算第三个角度
- 生成驱动线
- 完成驱动图解定义
- 定义摩天大楼参数

本章是摩天大楼建模的准备部分，将构建摩天大楼的各种基准线、基准角度和基准截面等，从中可以学到大量的线条绘制、角度设定、角度等分知识。

8.1　构建初始平面和等分角

本节将创建大楼的初始平面和基础的等分角度。初始平面是整个大楼的高度创建基准，相当于地面，必须首先予以创建。等分角则是大楼横截面的创建基准。

8.1.1　搜索框的运用

新建 GH 工作区，在工作区空白处双击，打开一个搜索框，如图 8-1 所示。

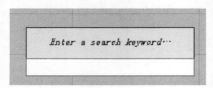

图 8-1　GH 搜索框

对于 GH 比较熟悉的用户可以在搜索框中直接输入运算器的关键词，GH 会把相关的命令罗列出来供用户选择，这样可以大幅提高操作的效率。当然，前提是用户要熟悉 GH 的运算器。本案例中将大量使用这种加载运算器的方法，请读者注意。

在搜索框中输入关键词 xy，搜索框的上方将会出现相关的运算器名称和图标。选中其中的 XY Plane(XY 平面)运算器，如图 8-2 所示。

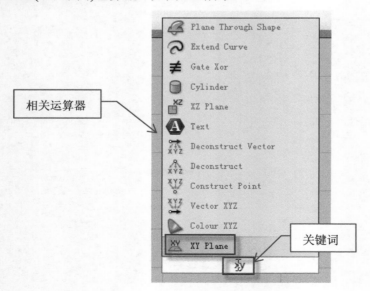

图 8-2　关键词搜索

XY 运算器将出现在 GH 工作区中。当然，这个运算器也可以通过输入关键词 plane 来搜索，得到的搜索结果如图 8-3 所示。

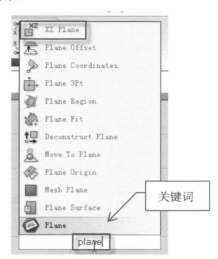

图 8-3　另一种搜索方法

8.1.2　初始平面的构建

8.1.1 节通过搜索创建了 XY 运算器，视图中将出现一个边长为 8 个单位的网格，如图 8-4 所示。

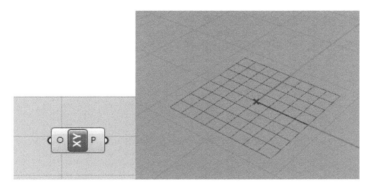

图 8-4　XY 平面

在 GH 空白处双击，在搜索框中输入关键词 domain，在弹出的快捷菜单中选择 Construct Domain 命令，创建 Dom 运算器，如图 8-5 所示。

为 Dom 运算器加上一个 Panel 运算器，数值设置为 0，连接到 A(起始)端口，其含义是起点的角度为 0°。

另一种创建 Panel 运算器并设置参数的方法是，双击打开搜索框，在搜索框中输入"双引号"，这时搜索框将变为 Panel，接着继续输入参数，本例为 360，如图 8-6 所示。

将两个 Panel 运算器与 Dom 相连接，如图 8-7 所示，其含义是从 0～360°的角度范围。

现在如果给 Dom 运算器的 I 端口连接上一个 Panel 运算器，其面板中会出现 Dom 的参

数范围 0～360，如图 8-8 所示。

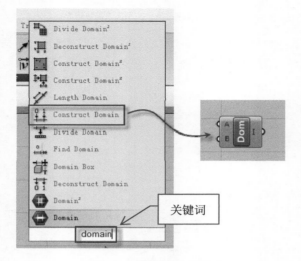

图 8-5　创建 Dom 运算器

关键词

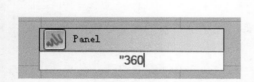

图 8-6　Panel 的另一个创建方法

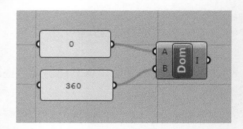

图 8-7　两个 Panel 运算器的连接

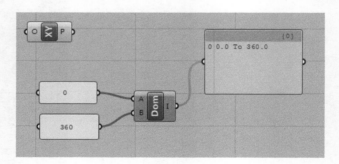

图 8-8　Dom 运算器的范围

8.1.3　等分角的设置

采用搜索的方式创建 Range(范围)运算器，这个运算器的默认步幅是 10 个，如果其与 Panel 连接，Panel 面板上将显示其步幅的数值，为 0.0～1.0，如图 8-9 所示。

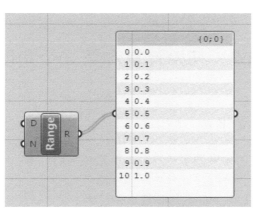

图 8-9　Range 运算器的默认系列

如果将 Dom 运算器与 Range 相连接，Panel 面板上将显示 0～360°的 10 个角度等分步幅，如图 8-10 所示。

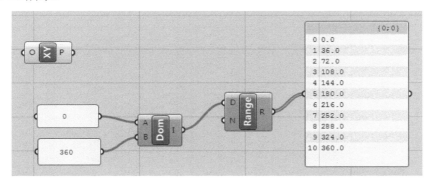

图 8-10　Dom 的 10 等分步幅值

本例所需要的等分步幅是 3 等分，因此可以再创建一个 Panel 运算器与 Range 的 N 端口相连接，将这个 Panel 运算器的数值设置为 3。Range 的步幅被设置为 3 个等分，即 120°、240°和 360°，如图 8-11 所示。

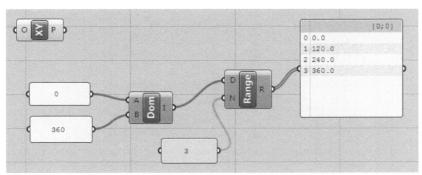

图 8-11　Range 被分为 3 等分

8.2　初始计算和第二个角度

8.2.1　等分角度的优化

8.1 节中已经把 Dom 的角度做了三等分。但是在圆周上 0°和 360°是重合的，所以本节来优化一下这个等分。

采用搜索的方式创建 List Length 运算器，图标为 Lng，该运算器用于估算列表的长度。继续创建 Cull Index(剔除指数)运算器，图标为 Cull i。将 Lng 和 Cull i 运算器与 Range 运算器连接起来，如图 8-12 所示。

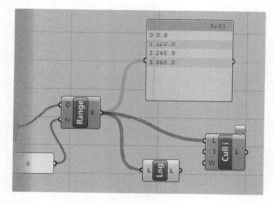

图 8-12　两个运算器的连接

创建一个减法运算器，图标为 A–B。在其 B 端口上右击，在弹出的快捷菜单中选择 Set Data Item 命令，设置其数值为 1，单击 Commit changes 按钮确认设置，如图 8-13 所示。

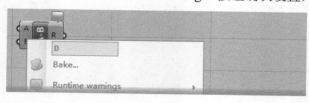

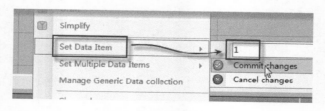

图 8-13　B 端口的设置

将减法运算器的 B 端口设为常量 1，这样从 R 端口输出的结果将是 A 端口输入的数字将减去 1。例如，A 端口输入的数值是 6，则 R 端口得到的结果将是 5，如图 8-14 所示。

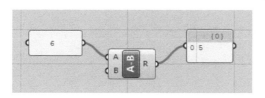

图 8-14　减法运算器的工作原理

将 Lng、A−B 和 Cull i 等几个运算器连接起来，Panel 面板中的角度得到了优化，360°角被剔除了，如图 8-15 所示。

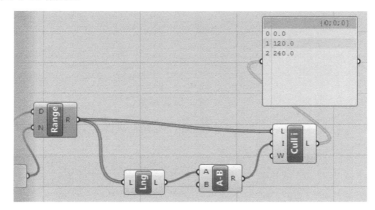

图 8-15　剔除了 360°

8.2.2　等分 120° 角

创建 List Item 运算器，图标名称是 Item。该运算器用于从列表中检索特定的项目。复制一个 Item 运算器，将两个 Item 运算器都与 Cull i 运算器连接起来，如图 8-16 所示。

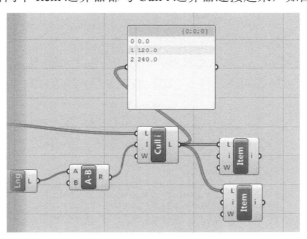

图 8-16　两个 Item 运算器的连接

在下方的 Item 运算器 i 端口上右击，在弹出的 Set Integer(设置整数)快捷菜单中，将参数设置为 1，如图 8-17 所示。

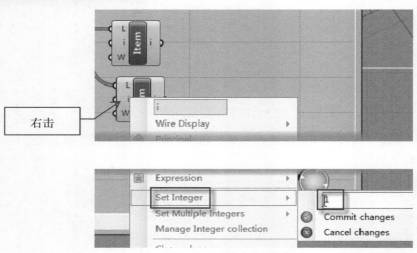

图 8-17　设置整数值

在两个 Item 运算器 W 端口上右击，将 Set Boolean(设置逻辑判断)设置为 False(伪)，如图 8-18 所示。

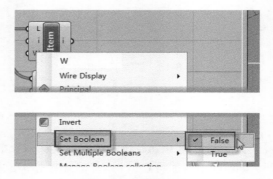

图 8-18　设置逻辑判断

同样，也将 Cull i 运算器的 W 端口也设置为 False(伪)。

创建一个减法运算器和一个除法运算器，将它们与两个 Item 运算器连接起来。再创建一个 Panel 运算器与除法运算器连接，得到 120°的等分角 60°，如图 8-19 所示。

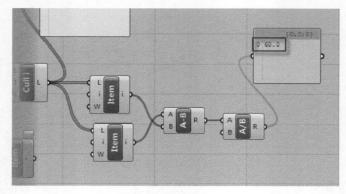

图 8-19　得到 60°角

8.3 计算第三个角度

8.3.1 乘法运算器的运用

接 8.2 节的 GH 文件。首先复制 6 个运算器。按住 Shift 键，选择 Range、Lng、A–B、Cull i，以及与 Range 和 Cull i 相连的两个 Panel 运算器。将这 6 个运算器复制一份，放置在原来 6 个运算器的下方，如图 8-20 所示。

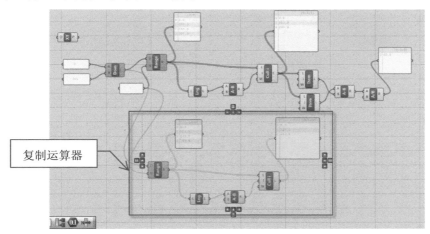

图 8-20 复制 6 个运算器

创建一个乘法运算器，放置带新复制出来的 Range 运算器下方，将其 A 端口与原 Range 运算器 N 端口的 Panel 运算器(数值为 3)相连接，如图 8-21 所示。这样，该乘法运算器的一个乘数将与 Panel 运算器的取值保持联动。

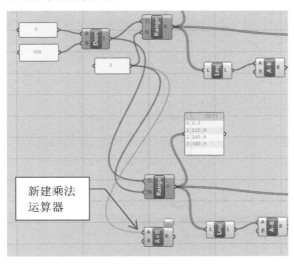

图 8-21 乘法运算器的连接

在乘法运算器 B 端口上右击，在弹出的快捷菜单中，将 Set Data Item 设置为 2，如图 8-22 所示。这样这个乘法运算器 A 端口输入的是 3，B 端口设置为 2，其结果输出的数值为 6。

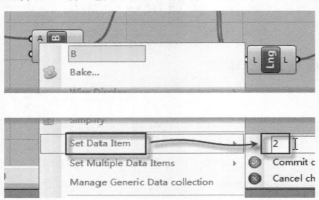

图 8-22　设置 B 端口的数值

将乘法运算器与复制出来的 Range 运算器相连接，观察 Range 和 Cull i 运算器的列表数值，角度都被分成了 60° 一个步幅，如图 8-23 所示。

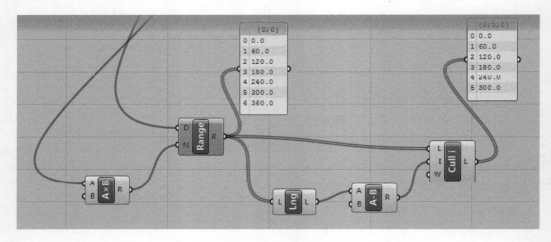

图 8-23　细分为 60° 一个步幅

8.3.2　角度范围的再次调整

创建一个除法运算器，将其与 8.2.2 节创建的乘法运算器连接起来。将这个除法运算器放置到 8.6.1 节创建的 Cull 运算器下方，如图 8-24 所示。

为了美观起见，可以将新建除法运算器 A 端口的连线设置为隐藏模式。方法是在其 A 端口右击，在弹出的快捷菜单中选择 Wire 下 Display 中的 Hidden(连线→显示→隐藏)命令。

再创建一个 Negative(负值)和一个加法运算器，将这两个运算器与上一步创建的除法运算器连接起来，如图 8-25 所示。

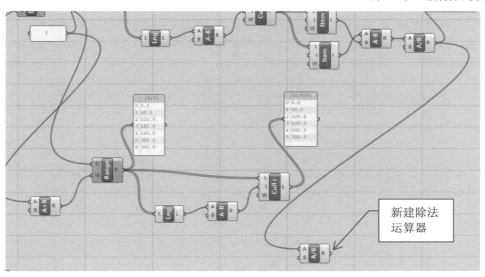

图 8-24　新建除法运算器

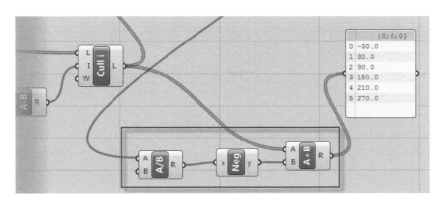

图 8-25　3 个运算器的连接

经过这个步骤，起始的角度变为-30°，角度的变化范围为-30°～270°。

8.3.3　SDL 曲线运算器

创建 Line SDL 运算器，图标为 Line。该运算器使用起点(S)、方向(D)和长度(L)来创建曲线。将该运算器的 S 端口与本章最初创建的 XY Plane 运算器相连接，如图 8-26 所示。

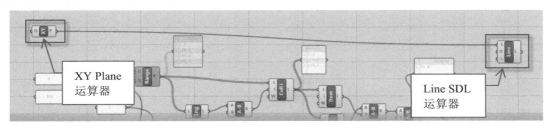

图 8-26　两个运算器的连接

创建 Deconstruct Plane(解构平面)运算器，图标为 DePlane。该运算器用于将一个平面解构为组建。将 DePlane 运算器的 P 端口与 XY 运算器的 P 端口相连接，Y 端口与 Line 运算器的 D 端口相连接，如图 8-27 所示。

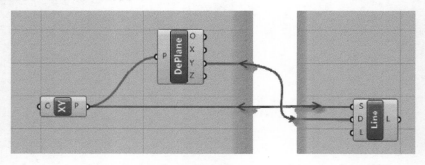

图 8-27　DePlane 运算器的连接

创建一个滑块运算器，将其取值范围设置为 10～200，当前值设置为 180。将这个滑块控制器与 Line 运算器的 L 端口相连接，含义是线条的长度为 180，如图 8-28 所示。

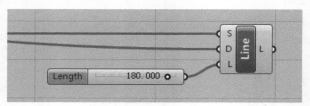

图 8-28　设置曲线的长度

终止本节的 GH 文件为 chapter_8_3.gh，保存在资源包中，读者可以从资源包中调用参考。

8.4　生成驱动线

本节将讲解如何创建驱动线(driver lines)，驱动线是整个大楼横截面创建的基础和基准。

8.4.1　旋转平面运算器的使用

继续 8.3 节的内容。将 Line SDL 运算器和与之相连的 Length 运算器同时选中，复制出两份，如图 8-29 所示。

创建一个 Rotate Plane(旋转平面)运算器，图标为 PRot。将本章最初创建的 XY 运算器与 PRot 运算器的 P 端口连接起来，其含义是在 XY 平面上旋转，如图 8-30 所示。

在 PRot 运算器的 A(角度)端口右击，在弹出的快捷菜单中选择 Degrees(度数)命令。A 端口右侧将出现一个度数的标记。这样从 A 端口输入的数值都被指定为度数，如图 8-31 所示。

将 PRot 运算器的 A 端口与 8.2.2 节创建的除法运算器的 R 端口连接起来，如图 8-32 所示。

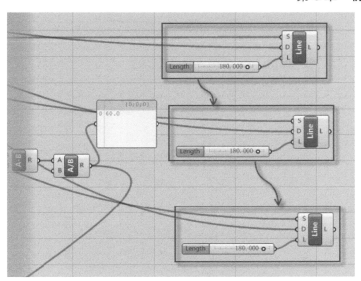

图 8-29　复制两组运算器

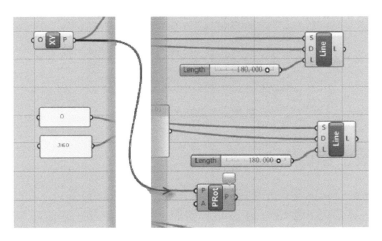

图 8-30　连接 PRot 运算器

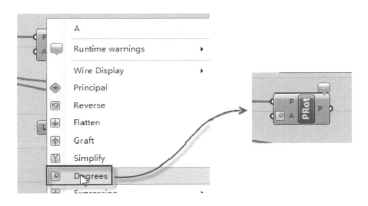

图 8-31　设置为度数

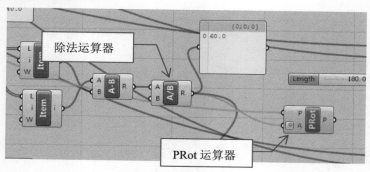

图 8-32　A 端口的连接

此时视图中出现一个绿色的网格平面，呈顺时针旋转 60° 状态，如图 8-33 所示。

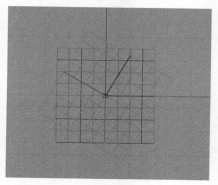

图 8-33　新建的网格平面

8.4.2　在直线上标记顶点

创建 Deconstruct Plane(解构平面)运算器，图标为 DePlane。

将 DePlane 运算器的 P 端口与 PRot 运算器的 P 端口相连接，Y 端口与 8.4.1 节复制出来的第二个 Line 运算器的 D 端口相连接。

视图中出现一条与 Y 轴呈 60° 角的直线，长度为 180(由 Length 滑块决定)，如图 8-34 所示。

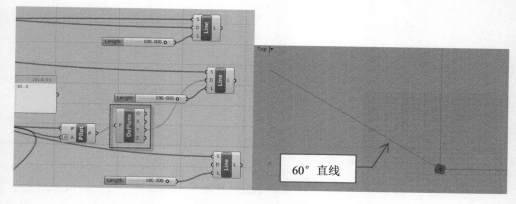

图 8-34　构建 60° 直线

创建 Point On Curve(曲线上的点)运算器，图标如图 8-35 所示。该运算器用于评估特定位置的曲线。运算器上的滑块可以定义顶点在曲线上的位置，默认值为 0.5(1/2 位置)。

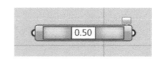

图 8-35　Point On Curve 运算器图标

将 Point On Curve 运算器与 8.4.1 节复制出来的第 3 个 Line 运算器相连接。

在视图中 Y 轴方向的直线上出现一个点的标记，如图 8-36 所示。

当前位于该直线的中间(0.5)位置，读者可以拖动 Point On Curve 运算器中的滑块定义点的位置。

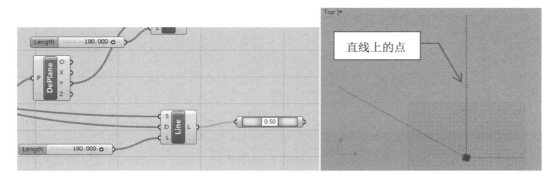

图 8-36　直线上的点

还可以在 Point On Curve 运算器上右击，在弹出的快捷菜单中选择各种比例模板快速进行设定，如图 8-37 所示。

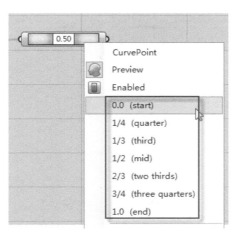

图 8-37　比例模板

8.4.3　完成全部放射状直线

创建 Rotate 运算器，该运算器用于在一个平面上旋转对象。在 A 端口上右击，设置为 Degree 模式，如图 8-38 所示。

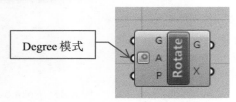

Degree 模式

图 8-38　设置为 Degree 模式

将 Rotate 运算器的 P 端口与本章最初创建的 XY Plane 运算器连接起来，A 端口与加法运算器相连接，G 端口与 Line 运算器连接，如图 8-39 所示。

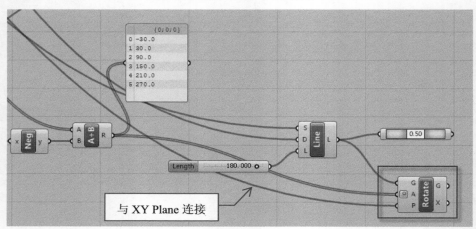

图 8-39　Rotate 运算器的连接

此时视图中出现了放射状的直线，间隔都是 30°，如图 8-40 所示。

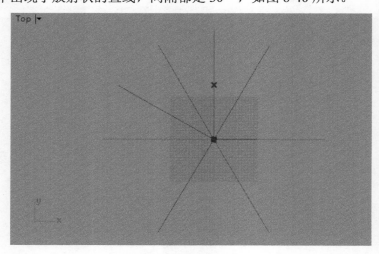

图 8-40　产生放射状直线

按住 Shift 键，将 Point On Curve 运算器与 Rotate 运算器 G 端口连接起来。在 A 端口上右击，在弹出的快捷菜单中选择 Graft(移植)命令，放射状直线中点位置出现的标记点，如图 8-41 所示。

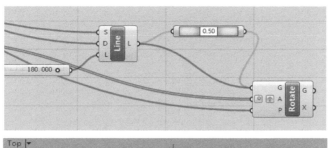

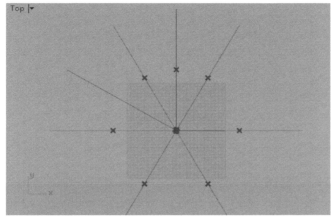

图 8-41　放射状直线上的点

将上一步做好连接的 Rotate 运算器复制一个，放置到 8.3 节最后创建的 Line 运算器右侧。将 Rotate 运算器与 Line 运算器相连接，再将 Cull i 运算器与 Rotate 运算器 A 端口相连接，如图 8-42 所示。

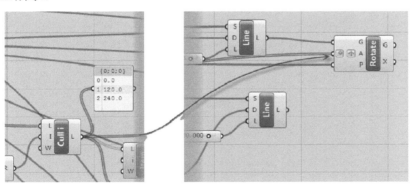

图 8-42　Rotate 运算器的连接

此时视图中的情形如图 8-43 所示。放射状直线在 120°和 240°位置各增加了一条，与 Cull i 运算器输出的角度是一致的。

将 Rotate 运算器再次复制一个，与 8.4.1 节复制出来的第一个 Line 运算器连接，如图 8-44 所示。

此时视图中的情形如图 8-45 所示，又增加了 60°和 180°两个方向的直线。至此整个圆周上以 30°为间隔的所有放射线全部创建完毕。

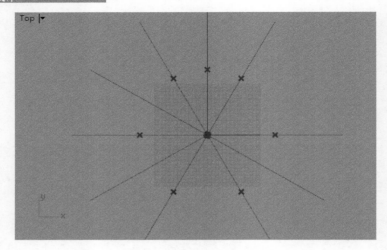

图 8-43　添加两条放射状直线

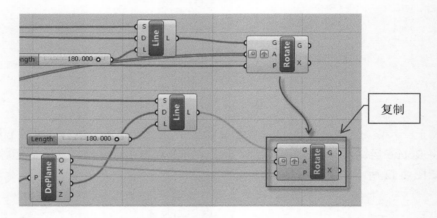

图 8-44　复制并连接 Rotate 运算器

复制

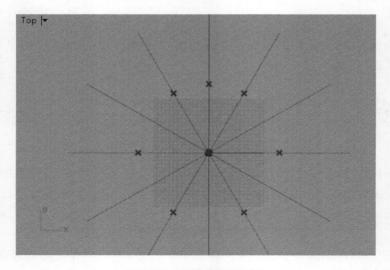

图 8-45　完成全部放射线

终止本节的 GH 文件为 chapter_8_4.gh，保存在资源包中，读者可以从资源包中调用参考。

8.5　完成驱动图解定义

本节将在 8.4 节的基础上继续绘制摩天大楼的截面，本节主要是讲解如何在放射直线上添加圆圈。

8.5.1　继续添加点

继续 8.4 节的内容。创建 4 个 Point On Curve(曲线上的点)运算器，将两个 Point On Curve运算器放置在两个 Rotate 运算器的左侧，如图 8-46 所示。

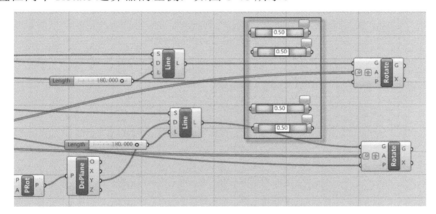

图 8-46　Point On Curve 运算器的位置

将 4 个 Point On Curve 运算器分为两组，分别与两个 Line 运算器相连接，如图 8-47 所示。

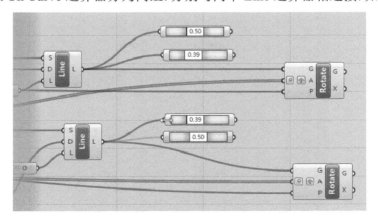

图 8-47　4 个 Point On Curve 运算器的连接

拖动上述几个 Point On Curve 运算器上的滑块，设置不同的数值，有两条直线上出现了两个点，如图 8-48 所示。

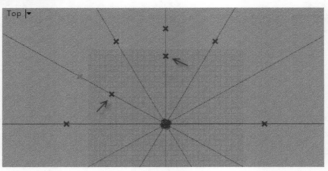

图 8-48　出现两个点

8.5.2　以点为圆心画圆

创建一个 Circle(圆)运算器，图标为 Cir。再创建一个滑块运算器，取值范围设置为 5～40，当前值 20。

将 Cir 运算器与 Point On Curve 运算器、滑块运算器相连接，如图 8-49 所示，含义是在该直线 0.5 位置的点上绘制一个半径为 20 的圆。

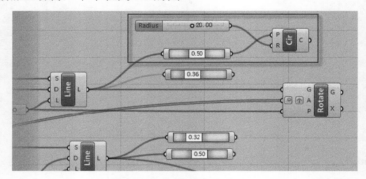

图 8-49　Cir 运算器的连接

在视图中，Y 轴正方向的直线上绘制了一个半径为 20 的圆，如图 8-50 所示。

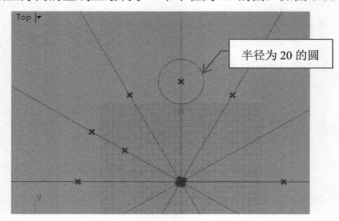

图 8-50　绘制一个圆

8.5.3　另一个圆的绘制

将 Cir 运算器以及与之相连接的滑块运算器复制一份，移动到第二组 Point On Curve 运算器附近，如图 8-51 所示。

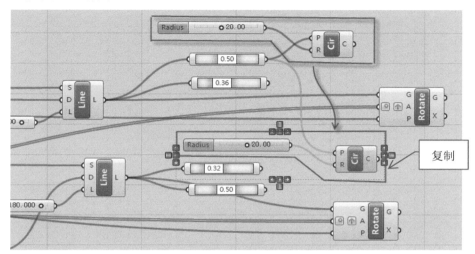

图 8-51　复制两个运算器

创建一个 Plane Origin(原点平面)，运算器图标为 Pl Origin，该运算器用于改变平面的初始点。将该运算器与 PRot 和 Point On Curve 运算器相连接，如图 8-52 所示。其含义是在直线 50%位置创建一个网格平面。

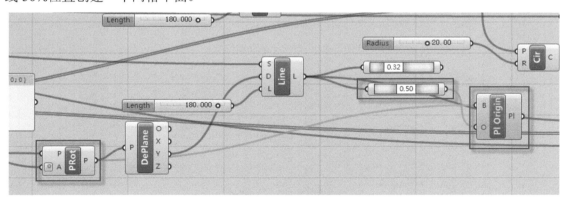

图 8-52　Pl Origin 运算器的连接

在视图中，与 Y 轴正方向 60°角的直线中点上出现一个原点平面。该平面在直线上的位置受到与之相连接的滑块运算器控制，如图 8-53 所示。

再将 Pl Origin 运算器与 Cir 运算器相连接，如图 8-54 所示。

此时在视图中的初始平面上生成了一个圆，如图 8-55 所示。

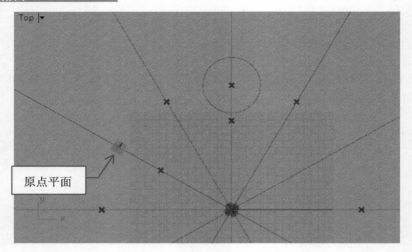

图 8-53　生成原点平面

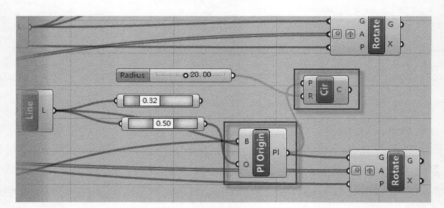

图 8-54　与 Cir 运算器连接

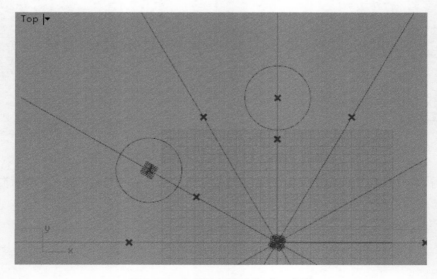

图 8-55　在初始平面上生成一个圆

8.5.4　二等分圆

本节讲解如何将 8.5.3 节创建的圆用顶点进行二等分。

创建 Divide Curve(细分曲线)运算器，图标是 Divide。在 N 端口上右击，将 Set Integer(设置整数)的参数设置为 2，含义是将曲线 2 等分，如图 8-56 所示。

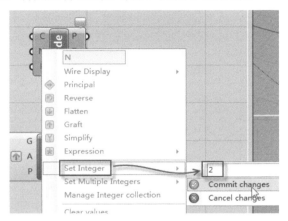

图 8-56　等分设置

将 Divide 运算器复制一个。将两个 Divide 运算器分别放置到 8.5.3 节创建的两个 Cir 运算器附近。将两个 Cir 运算器分别与 Divide 运算器的 C 端口相连接，视图中的两个圆都在 1/2 位置处出现了细分的点，如图 8-57 中箭头所指。

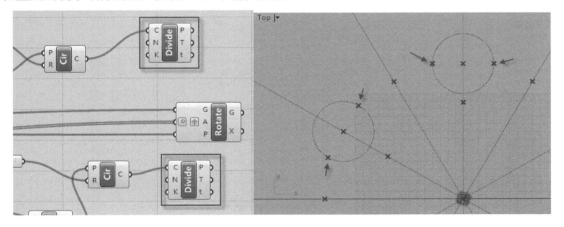

图 8-57　两个圆被细分

将上方的 Rotate 运算器分别与 Divide 运算器、Cir 运算器和两个 Point On Curve 运算器相连接，如图 8-58 所示，其含义是将曲线上的点也进行旋转。

如图 8-59 是视图中上述步骤连接之前和之后的对比。左图是连接前，右图是连接之后。

在 Rotate 运算器的 G 端口上右击，在弹出的快捷菜单中选择 Flatten(展平)命令，视图中的情形如图 8-60 所示，在 X 轴顺时针 30°和 150°夹角的直线上生成了两个圆。

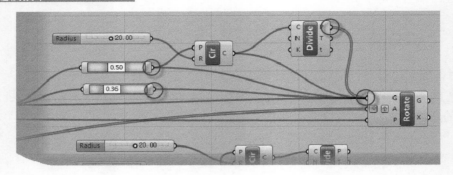

图 8-58　4 个运算器的连接

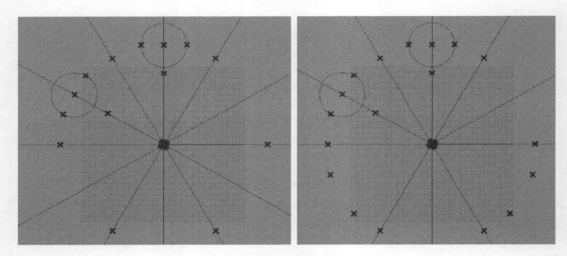

图 8-59　连接前后的对比

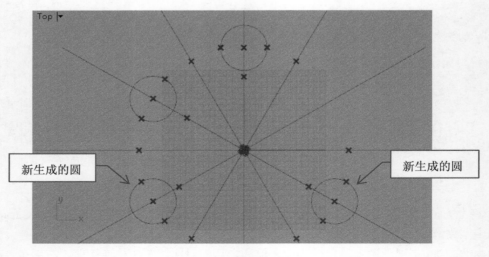

图 8-60　再次生成两个圆

　　对另一个 Rotate 运算器也做相同的连接和设置，视图中 X 轴逆时针方向 30°和顺时针方向 90°夹角的两条直线上生成了两个圆，如图 8-61 所示。

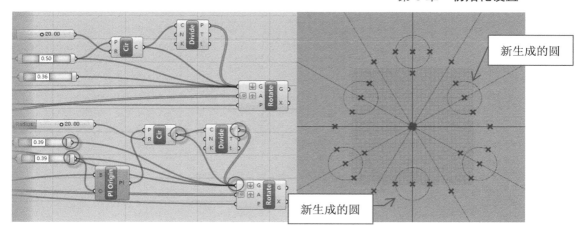

图 8-61　再次生成两个圆

8.5.5　设置任意起始角度

本节将讲解所有线条和圆的任意角度旋转设置方法。

在 Dom 运算器附件创建一个滑块运算器，取值范围为 0～120，如图 8-62 所示。

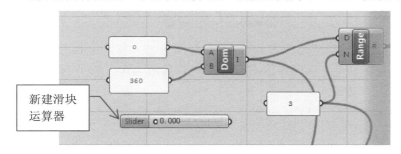

图 8-62　新建滑块运算器

创建两个减法运算器，放置在 Dom 运算器的两侧，如图 8-63 所示。

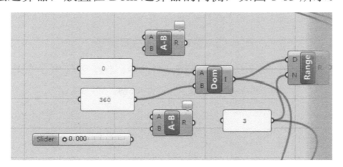

图 8-63　创建两个减法运算器

将两个减法运算器与 Dom、滑块和两个 Panel 运算器连接起来，如图 8-64 所示。其含义是两个 Panel 运算器的角度参数需要减去滑块运算器设置的角度，再进入 Dom 运算器，这样只要设置滑块运算器的参数，就可以使所有线条产生任意角度的旋转。读者可自行测试。

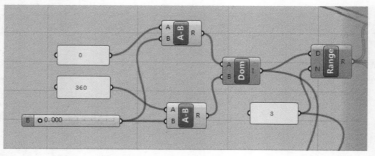

图 8-64　6 个运算器的连接

终止本节的 GH 文件为 chapter_8_5.gh，保存在资源包中，读者可以从资源包中调用参考。

8.6　定义摩天大楼参数

本节将设定摩天大楼楼层相关的一些属性。包括楼层数量的设置(实际上是垂直阵列一系列的点)，再基于上述系列点创建楼层网格平面，最后阵列截面曲线等内容。

8.6.1　楼层的设置

创建一个滑块运算器，取值范围为 8～20，当前值为 13，将其命名为 Flr-Flr-Hgt(楼层高度)；再创建一个滑块运算器，取值范围为 10～80，当前值为 64，将其命名为 Num Flr(楼层数)，如图 8-65 所示。

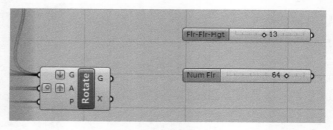

图 8-65　新建两个滑块运算器

再创建一个 Series 和一个加法运算器，将 4 个运算器连接起来，如图 8-66 所示。

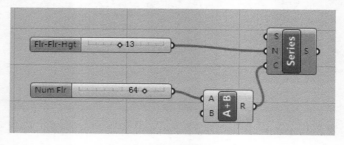

图 8-66　4 个运算器的连接

创建一个 Construct Point 运算器，图标为 Pt。将 Series 运算器右侧的 S 端口与 Pt 运算器的 Z 端口连接起来，如图 8-67 所示，含义是在 Z 轴向创建系列顶点，间隔距离是 13(Flr-Flr-Hgt 滑块)，数量是 64(Num Flr 滑块)。

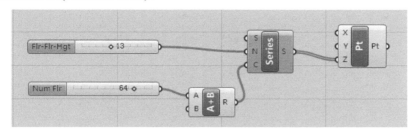

图 8-67　设置系列顶点

在透视图中，可以看到 Z 轴向上生成了一系列点，如图 8-68 所示，这就是摩天大楼的每个楼层的高度。

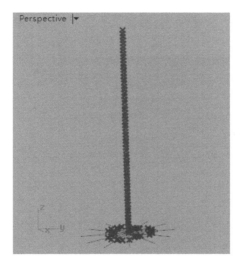

图 8-68　Z 轴向生成系列点

8.6.2　添加网格平面

创建一个 XY 运算器，将其与 Pt 运算器连接起来，如图 8-69 所示。

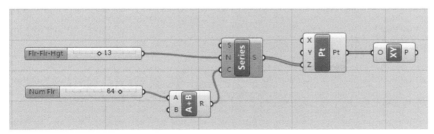

图 8-69　XY 运算器的连接

此时透视图中，每个点上都生成了一个 XY 网格平面，如图 8-70 所示。

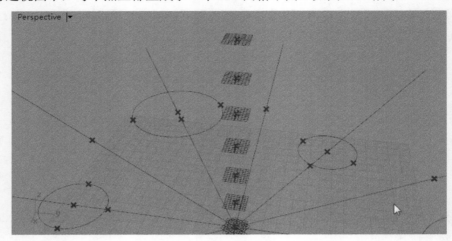

图 8-70　点上出现了网格平面

在 Pt 运算器上右击，在弹出的快捷菜单中选择 Preview 命令，将其预览关闭，网格平面原点处的点被隐藏。

创建一个 Panel 运算器和一个 Param Viewer(参数查看器)运算器，将两个运算器都与 XY 运算器相连接。Panel 运算器上将显示每个点的坐标，Param Viewer 面板将显示数据树，如图 8-71 所示。

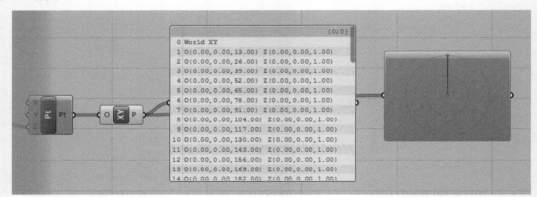

图 8-71　Panel 和 Param Viewer 运算器

在 Pt 运算器右侧的输出端口上右击，在弹出的快捷菜单中选择 Graft(移植)命令。

8.6.3　阵列截面曲线

首先，整理一下运算器的布局。缩小工作区中的运算器图标，将本节创建的 7 个运算器放置到所有运算器的右上角位置，如图 8-72 所示。

创建一个 Project 运算器，将该运算器与 XY 运算器和 Rotate 运算器连接起来，如图 8-73 所示。

此时透视图中，一个圆圈在 Z 轴方向进行了阵列，如图 8-74 所示。

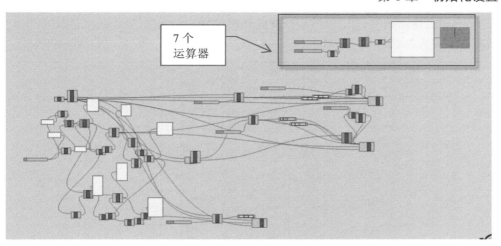

图 8-72　运算器的整体布局

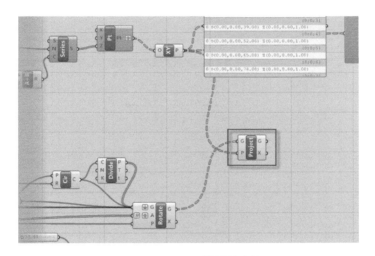

图 8-73　Project 运算器的连接

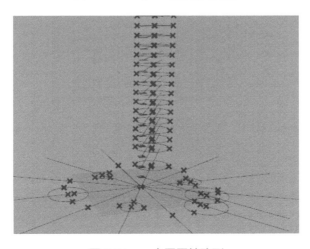

图 8-74　一个圆圈被阵列

在 Project 运算器的 G 端口上右击，设置其模式为 Flatten(展平数据)，视图中有 3 个圆圈产生了阵列效果，如图 8-75 所示。

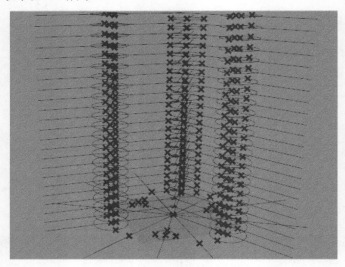

图 8-75　3 个圆圈的阵列

最后，再创建一个 Flatten 运算器，将该运算器与 Rotate 相连接，如图 8-76 所示。

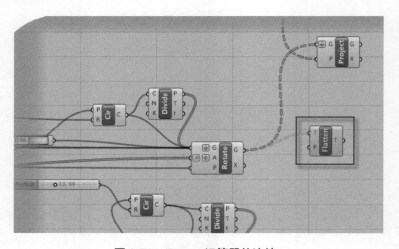

图 8-76　Flatten 运算器的连接

本章小结

　　本章中的各种线条的绘制、角度设置、等分设置等都采用参数化方式创建，这对于手工方式建模的人士来说是个操作习惯上的挑战，一开始会很不适应，甚至还不如手工操作的效率高。但是只要坚持一段时间，就能逐渐体验到这种参数化建模方式的好处，那就是后期的调整编辑会变得十分方便，效率要远远高于手工建模。

第 9 章
弧度和扭曲

内容提要：

- 规划几何体和初始弧度
- 划分数据树
- 创建截面弧形
- 扭曲截面曲线
- 修改轮廓曲线

本章制作摩天大楼的外轮廓弧线和楼板的扭转效果，将按照需要创建轮廓上的各段弧线，并对曲线线框进行渐变扭转，形成摩天大楼独特的外形。

9.1　规划几何体和初始弧度

9.1.1　复制 Project 运算器

继续 chapter_8_6. gh 文件的制作。首先将 8.6 节中创建的 Project 运算器复制出两个，如图 9-1 所示。

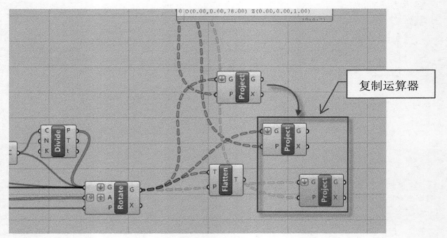

图 9-1　复制出两个运算器

将复制出来的两个 Project 运算器分别移动到下方的两个 Rotate 运算器附近，分别与 Rotate 运算器的 G 端口相连接，如图 9-2 所示。

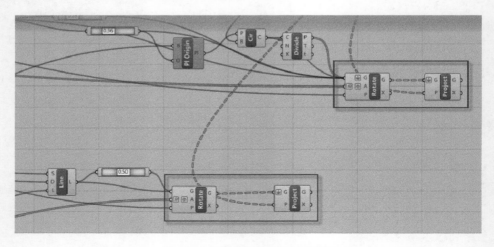

图 9-2　连接两个 Project 运算器

在视图中可以看到，又有两个圆圈和直线得到了 Z 轴阵列的效果，如图 9-3 所示。

图 9-3　继续阵列直线和圆圈

将 3 个 Rotate 运算器的预览关闭，将新复制出来的两个 Project 运算器也关闭预览，结果如图 9-4 所示。视图中只剩下了 3 个圆圈的 Z 轴向阵列。

图 9-4　剩下 3 个圆圈的阵列

9.1.2　点的选择

本节将讲解如何选中特定的点，为在几个点之间绘制圆弧做好准备。

创建一个 List Item 运算器，图标为 Item。再创建一个滑块运算器，取值范围为 0～17，当前值为 0。将 Item 运算器与上方的 Project 运算器相连接，滑块运算器与 Item 运算器相连接，如图 9-5 所示。

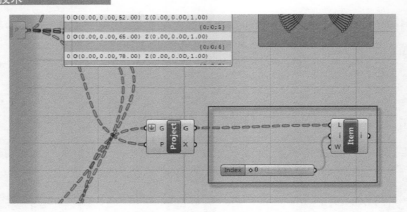

图 9-5　Item 运算器的连接

　　这一步操作是为了选中视图中 Z 轴向排列的一列列点、直线和圆圈。读者可拖动滑块测试一下。也可以为 Item 运算器连接一个 Panel 运算器，从其面板中观察数据，如图 9-6 所示。观察完之后可以将 Panel 运算器删除。

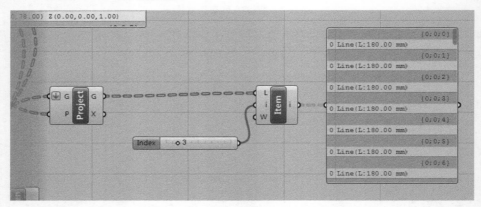

图 9-6　用 Panel 运算器观察数据

　　拖动滑块运算器，观察视图中选中的点(显示为绿色)，会发现需要的建立圆弧的点的编号是 4、10 和 16 号。

　　现在用一个多行数据的 Panel 运算器来一次选中这 3 组点。创建一个 Panel 运算器，在其上右击，在弹出的快捷菜单中选择 Multiline Data(多行数据)命令，这样就可以在 Panel 中同时输入多个数据。在 Panel 中输入 4、10 和 16 这 3 行数值，如图 9-7 所示。

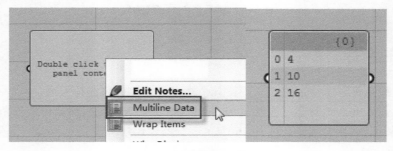

图 9-7　Panel 的多行数据

将新建的多行 Panel 运算器与 Item 运算器相连接，原来的滑块运算器删除，此时视图中可以看到有 3 组点被同时选中(绿色)，如图 9-8 所示。

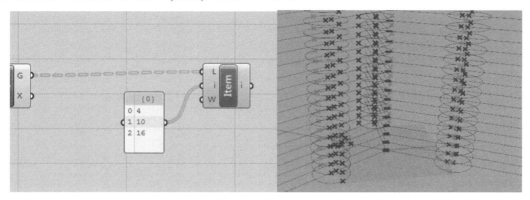

图 9-8　3 组点同时选中

9.1.3　重命名运算器

为了便于区别，用户可以更改运算器图标的名称。本例中将出现多个 Item 运算器，可以将其重命名。

在 Item 运算器上右击，在弹出的快捷菜单的名称文本框中输入 PrimeArc_Pt1，如图 9-9 所示。

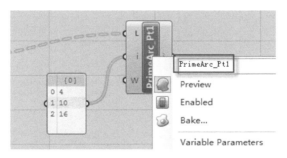

图 9-9　重命名运算器

按照上述方法，再创建两组多行 Panel 和 Item 运算器。对 Item 运算器重命名，名称和参数设置如图 9-10 所示。

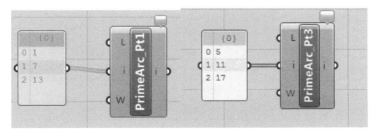

图 9-10　创建两组运算器

将 3 组重命名的 Item 运算器都与 Project_1 相连接，并且全部选中，如图 9-11 所示。

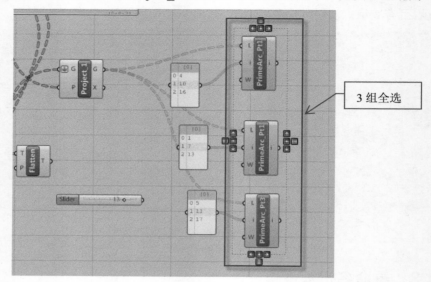

图 9-11　3 组 Item 运算器的连接

视图中共有 9 组顶点处于选中状态，分别处于 3 个圆圈之中，如图 9-12 所示。

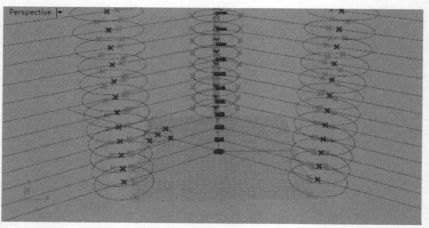

图 9-12　9 组顶点被选中

9.1.4　绘制弧形

9.1.3 节选出了需要的点，本节将利用已经选出的点绘制圆弧。

创建一个 Arc 3Pt 运算器(3 点画圆弧)，图标为 Arc。将 3 个 Item 运算器与 Arc 运算器的 3 个输入端口相连接，如图 9-13 所示。

此时在视图中，3 组顶点之间都生成了圆弧，如图 9-14 所示。

现在，只要调节 Cir 运算器左侧的 3 个滑块运算器，即可方便地控制 3 组圆弧的属性。读者可自行调节测试，如图 9-15 所示。

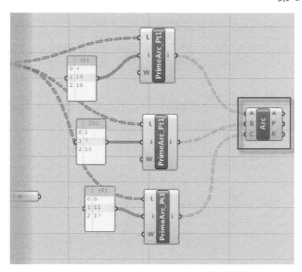

图 9-13　Arc 运算器的连接

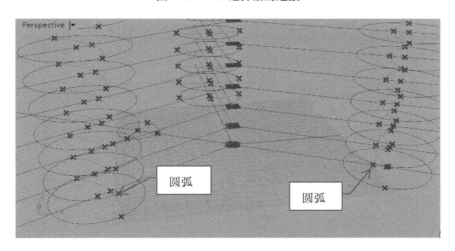

图 9-14　生成 3 组圆弧

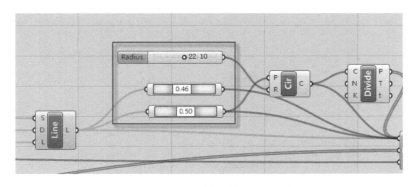

图 9-15　3 个运算器控制圆弧属性

终止本节的 GH 文件为 chapter_9_1.gh，保存在资源包中，读者可以从资源包中调用参考。

9.2 如何划分数据树

9.1 节已经创建了 3 个圆弧，本小节讲解水平面上另外 3 个方向上的圆弧绘制，再用 Split 运算器筛选出单行数据，最后用 Clean Tree 运算器清理数据树中的无效数据。

9.2.1 绘制另外 3 组圆弧

继续 9.1 节的内容。首先，将 9.1.3 节创建的 3 个 PrimeArc_Pt 运算器和与它们相连的 Arc 运算器复制一份，并移动到 Project_2 运算器右侧，如图 9-16 所示。

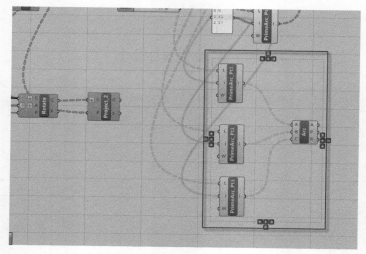

图 9-16 复制 4 个运算器

将 3 个 PrimeArc_Pt 运算器分别与 Project_2 运算器连接起来，如图 9-17 所示。

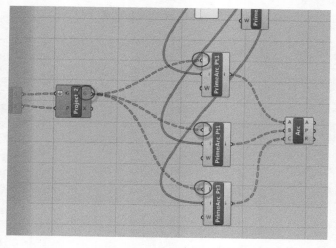

图 9-17 3 个 PrimeArc_Pt 运算器的连接

视图中 X 轴正方向 30°、-90° 和 150° 三个角度上生成了 3 组圆弧，如图 9-18 所示。

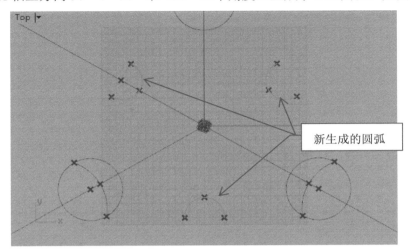

图 9-18　新生成 3 组圆弧

9.2.2　Split 运算器的运用

为 Project_3 运算器加载一个 Panel 运算器和一个 Param Viewer 运算器，观察其数据树分布情况，如图 9-19 所示。

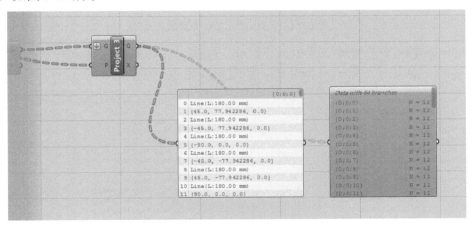

图 9-19　数据树显示

在 Project_3 运算器右侧创建 Split Tree(分割数据树)运算器，图标为 Split，该运算器使用路径遮罩将数据树分割成两个部分。将 Project_3 的 G 端口与 Split 的 D 端口相连接，如图 9-20所示。

创建一个 Panel 运算器，在其面板中输入如下表达式：

$$\{*\}\ [1,\ 2,\ 3,\ ...]$$

将创建的 Panel 运算器与 Split 运算器 M 端口相连接，如图 9-21 所示。这样操作的含义是只输出单数行的数据分支。

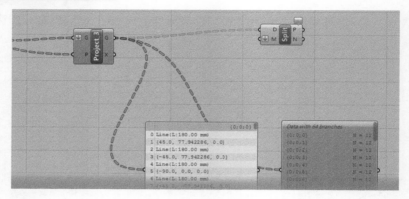

图 9-20　Split 运算器的连接

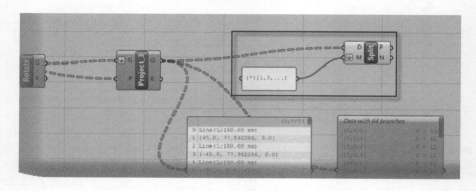

图 9-21　Panel 与 Split 运算器连接

为 Split 运算器加载 Panel 和 Param Viewer 运算器，可以看到从 Split 运算器输出的数据只剩下单数行，偶数行都显示为 null(空)，如图 9-22 所示。

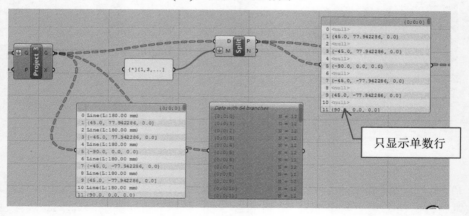

只显示单数行

图 9-22　只显示单数行数据

9.2.3　清理数据树

9.2.2 节已经采用 Split 运算器完成了对数据的筛选，本节讲解如何清理不需要的数据。

创建 Clean Tree 运算器，图标为 Clean，该运算器用于从数据树中移除空数据或错误的数据或分支。

将 Split 运算器的 P 端口与 Clean 运算器的 T 端口相连接，如图 9-23 所示。

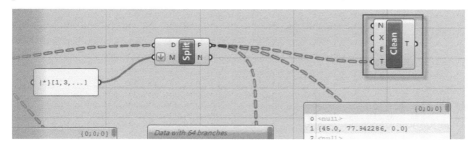

图 9-23　Clean 运算器的连接

给 Clean 运算器加载一个 Panel 运算器，从其面板上可以看到，空数据行都被清除掉了，只留下了有效的数据，如图 9-24 所示。

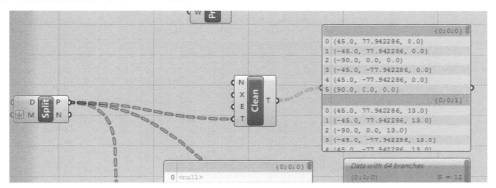

图 9-24　数据清理的结果

终止本节的 GH 文件为 chapter_9_2.gh，保存在资源包中，读者可以从资源包中调用参考。

9.3　创建截面弧形

本节继续创建摩天大楼的横截面，主要包括点的创建、几种常用的清理预览的方法、水平面上另外 3 组圆弧的创建等内容。至此，大楼的横截面轮廓全部完成。

9.3.1　点的生成

继续 chapter_9_2.gh 的内容。将 9.2 节创建的 Split 和 Clean 运算器复制一份。为方便区别，将复制出来的两个运算器分别命名为 Split_1 和 Clean_1，如图 9-25 所示。

将 Split_1 运算器与 Clean 运算器相连接。创建一个 Panel 运算器与 Split_1 运算器相连接。Split_1 运算器与 Split 运算器的 Panel 相连接，如图 9-26 所示。

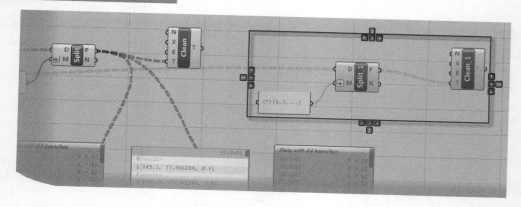

图 9-25　复制运算器并重命名

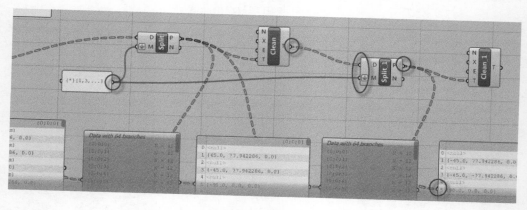

图 9-26　Split_1 运算器的连接

将 Clean_1 运算器复制一个，将其命名为 Clean_2。将 Clean_2 运算器与 Split_1 连接起来，如图 9-27 所示。

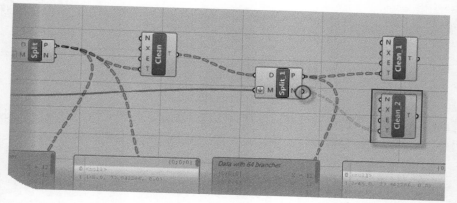

图 9-27　新建 Clean 运算器

如果选中 Clean_2 运算器，视图中又生成了 3 组绿色的点，如图 9-28 所示。

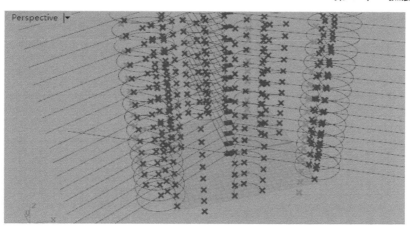

图 9-28　生成 3 组点

9.3.2　清理预览

为了便于后面的操作，我们可以将暂时用不到的一些线条关闭显示。关闭预览的方法有以下两种。

第一种方法是在相应的运算器上右击，在弹出的快捷菜单中选择 Preview(预览)命令，关闭其预览。

第二种方法是选中某个运算器之后，按住 Space(空格)键，会有一个图标化的快捷操作盘弹出，单击其中的 Disable Preview(关闭预览)图标即可关闭预览，如图 9-29 所示。

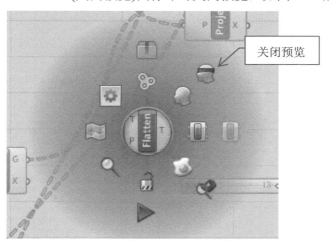

图 9-29　快捷操作盘

将 Project_1 运算器关闭预览，将所有圆圈的预览关闭。

将 XY_1 运算器关闭预览，将所有原点上的 XY 网格平面关闭。

将 Arc_1 运算器关闭预览，关闭 3 个方向上的 3 组圆弧的预览。

上述几个运算器关闭预览之后，视图中的情形如图 9-30 所示。

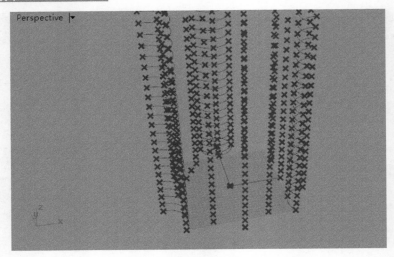

图 9-30　关闭部分运算器的结果

9.3.3　创建圆弧

创建一个 Arc 3Pt(3 点画弧)运算器，将其名称改为 Arc_2。将 Arc_2 的 A、B、C 3 个端口分别与 PrimeArc_Pt 3、PrimeArc_Pt 2 和 Clean_1 相连接，如图 9-31 所示。

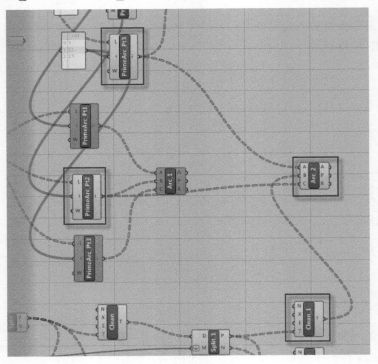

图 9-31　Arc_2 运算器的连接

在视图中可看到，又生成了 3 组圆弧，如图 9-32 所示。

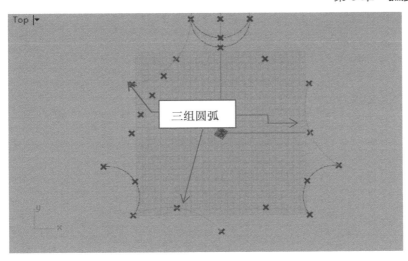

图 9-32　生成了 3 组圆弧

创建一个 Arc 3Pt(3 点画弧)运算器，将其名称改为 Arc_3。将 Arc_3 的 A、B、C 的 3 个端口分别与 PrimeArc_Pt 2、Clean_2 和 PrimeArc_Pt 1 相连接，如图 9-33 所示。

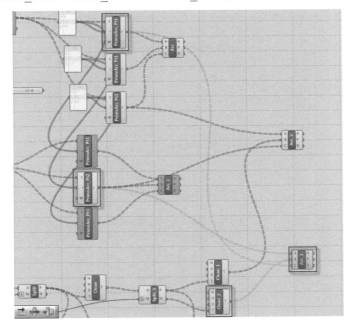

图 9-33　Arc_3 运算器的连接

此时在视图中再次生成三组圆弧，但这次是错误的结果，圆弧并没有在期望的 3 个点之间生成，有一个点是错误的，如图 9-34 所示。

创建一个 Shift 和一个 Item 运算器。在 Shift 运算器的 S 端口上右击，在弹出的快捷菜单中，将 Set Integer(设置整数)设置为 2，如图 9-35 所示。

将 Shift 运算器的 L 端口与 PrimeArc_Pt 2 相连接，Item 运算器与 Shift 运算器相连接，Arc_3 与 Shift 运算器相连接，如图 9-36 所示。

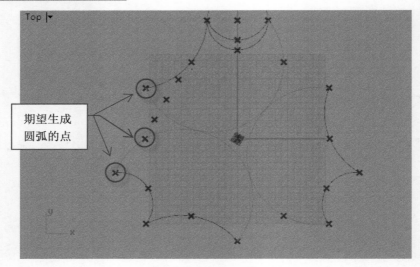

图 9-34　生成错误的圆弧

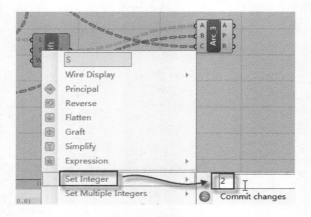

图 9-35　参数设置

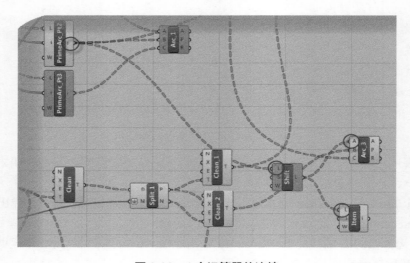

图 9-36　4 个运算器的连接

此时在视图中生成了 3 组正确的圆弧，如图 9-37 所示。

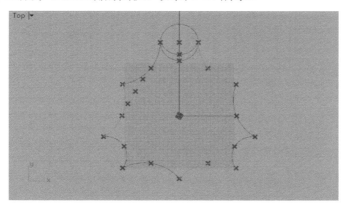

图 9-37　生成 3 组正确的圆弧

本节的场景保存为 chapter_9_3.gh，保存在资源包中，读者可以从资源包中调用参考。

9.4　扭曲截面曲线

本节将讲解如何扭曲摩天大楼的截面曲线，包括清理场景(只保留需要的轮廓曲线)、创建渐变扭曲表达式、采用表达式控制器整体扭曲截面轮廓曲线等内容。

9.4.1　清理场景

继续 chapter_9_3.gh 场景，现在场景中既有点，又有圆、圆弧和网格平面等附件，显得十分凌乱，而我们需要的是周围的一圈圆弧，其他的附件都可以暂时隐藏。

后面的操作只需要保留 Arc、Arc_2 和 Arc_3 这几组圆弧，所有的点都可以隐藏。首先将 6 个 PrimeArc_pt 运算器的预览关闭，结果如图 9-38 所示。

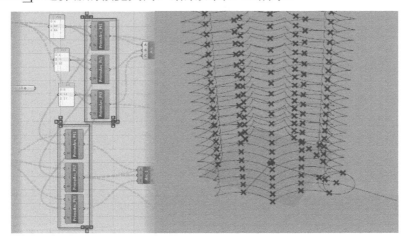

图 9-38　关闭 6 组顶点的结果

将 Split 运算器的预览关闭，关闭了 6 组顶点的预览，如图 9-39 所示。

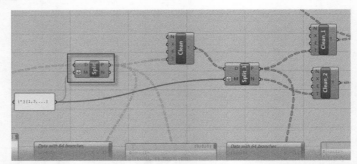

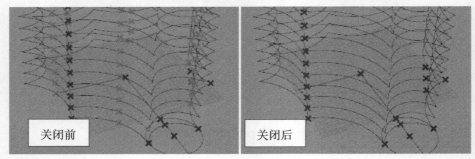

图 9-39　关闭 Split 运算器的结果

将 Divide 运算器的预览关闭，如图 9-40 所示。

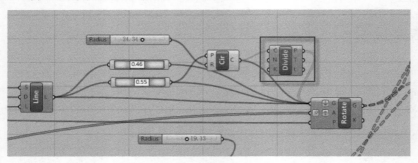

图 9-40　关闭 Divide 运算器的预览

将 Item 运算器的预览关闭，如图 9-41 所示。

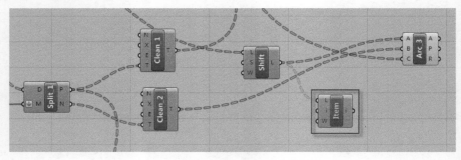

图 9-41　关闭 Item 运算器的预览

将 Cir 运算器关闭预览,如图 9-42 所示。

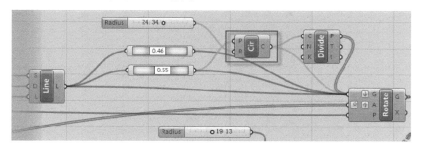

图 9-42　关闭 Cir 运算器的预览

最终只需要留下 3 组圆弧,如图 9-43 所示。

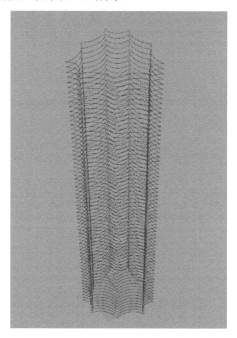

图 9-43　最终结果

9.4.2　表达式运算器的使用

本节将对摩天大楼的轮廓曲线进行 Z 轴向上的渐变扭转操作。

将 Arc、Arc_2 和 Arc_3 这 3 个运算器(也就是生成所有轮廓曲线的运算器)放置到相近的位置并纵向排列,如图 9-44 所示。

在 3 个 Arc 运算器右侧创建一个 Range 运算器和一个滑块运算器。滑块运算器的取值范围为 0～2,当前值为 0.17。将滑块运算器命名为 Rot.Factor,如图 9-45 所示。

创建一个 Expression(表达式)运算器。在该运算器上双击,在 Expression 文本框中输入如下表达式:

$$\text{"0 to " \& x*pi}$$

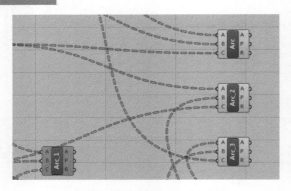

图 9-44　3 个运算器的位置

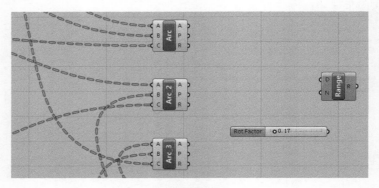

图 9-45　创建两个运算器

注　意

　　表达式中的"引号"一定要用西文输入法输入，如图 9-46 所示。这里的 pi 就是圆周率π。

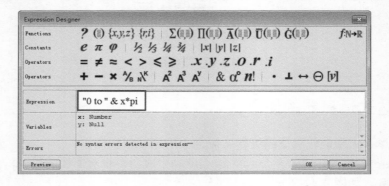

图 9-46　输入表达式

　　拨动鼠标滚轮，将 Expression 运算器图标放大，直到 x、y 端口右侧出现"加号"(添加端口)和"减号"(删除端口)，单击 y 端口右侧的"减号"，将 y 端口删除，如图 9-47 所示。

　　将 Rot.Factor 滑块运算器与 Expression 运算器相连接，再将 Expression 运算器与一个 Panel 运算器连接。

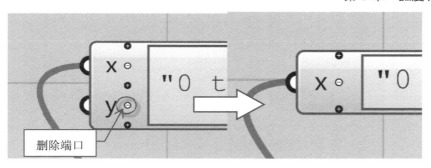

图 9-47　删除 y 端口

如果将 Rot.Factor 运算器的参数设置为 1，经过 Expression 运算器的处理，输出的数据是 π，如图 9-48 所示。

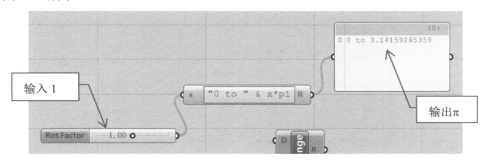

图 9-48　Expression 运算器的输出

将 Range 运算器的 D 端口与 Expression 运算器相连接，N 端口与 Num Flr 滑块运算器相连接，如图 9-49 所示。

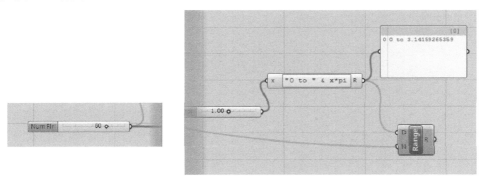

图 9-49　Range 运算器的连接

9.4.3　扭转轮廓曲线

创建一个 Rotate 运算器，将 3 个 Arc 运算器的 A 端口同时与 Rotate 运算器的 G 端口相连接，如图 9-50 所示。

分别在 3 个 Arc 运算器的 A 端口上右击，在弹出的快捷菜单中选择 Simplify(简化)命令。设置完成之后，A 端口右侧将出现一个图标，如图 9-51 所示。

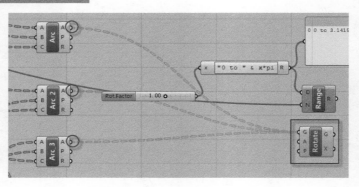

图 9-50　Rotate 运算器的连接

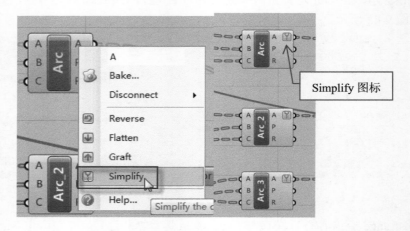

图 9-51　设置为 Simplify 模式

将 Range 运算器与 Rotate 运算器的 A 端口连接起来，将 A 端口设置为 Graft(移植)模式，如图 9-52 所示。

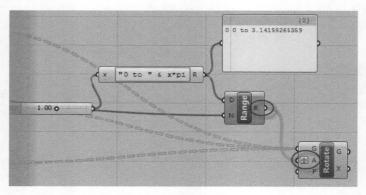

图 9-52　Rotate 运算器的连接

此时，视图中的楼板轮廓曲线已经出现了扭转效果。为了方便观察，可将 3 个 Arc 运算器的预览关闭，结果如图 9-53 所示。

轮廓曲线的扭曲角度可通过 Rot Factor 滑块运算器进行设定。

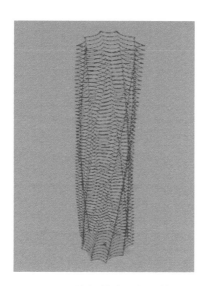

图 9-53 楼板轮廓的扭转效果

本节的场景保存为 chapter_9_4.gh，保存在资源包中，读者可以从资源包中调用参考。

9.5 修改轮廓曲线

本节对 9.4 节完成的楼板轮廓曲线做进一步的编辑，使之产生渐变效果。包括准备工作、使用余弦运算器排列点、圆弧的关联和另一组轮廓的渐变设置等内容。

9.5.1 准备工作

继续 chapter_9_4.gh 的内容。

将 9.4 节创建的 Expression 运算器、滑块运算器和 Range 运算器复制一份，如图 9-54 所示。

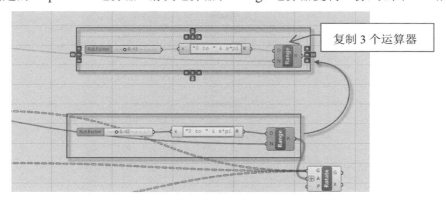

图 9-54 复制 3 个运算器

为了与原来的几个运算器区别开，可以将复制出来的运算器重命名，复制出来的滑块运算器命名为 Rot Factor_1，Range 运算器命名为 Range_1，如图 9-55 所示。

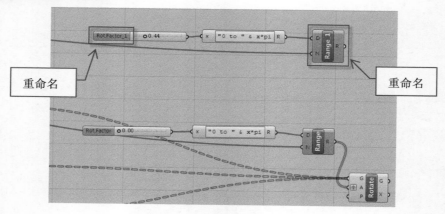

图 9-55　重命名复制的运算器

将 PrimeArc_Pt 2 的预览打开，并将 Rot Factor 滑块的参数设置为 0，如图 9-56 所示。

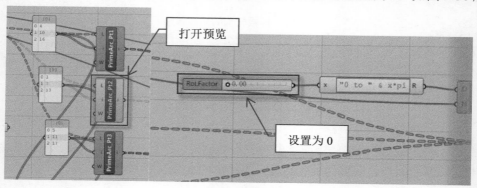

图 9-56　两个运算器的设置

Rot Factor 滑块的参数设置为 0，意味着楼板的扭曲被关闭。打开 PrimeArc_Pt 2 的预览，将有 3 组顶点显示出来。经过上述设置之后，视图中的楼板轮廓曲线如图 9-57 所示。

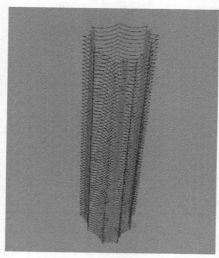

图 9-57　视图中的楼板曲线

9.5.2　余弦运算器的使用

本节采用正弦运算器编辑点，使点呈现正弦波的排列。

在 Range_1 运算器附近创建一个 Cosine(余弦)运算器，图标为 Cos。创建一个滑块运算器，取值范围为 0～40，当前值为 20，再创建一个乘法运算器。

将上述 4 个运算器连接起来，如图 9-58 所示。

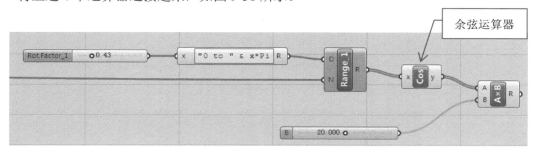

图 9-58　4 个运算器的连接

将乘法运算器 B 端口的滑块运算器重命名为 Amplitude(振幅)。将 PrimeArc_Pt 2 运算器及与其相连接的 Panel 运算器复制一份，放置到 PrimeArc_Pt 1 运算器上方，如图 9-59 所示。

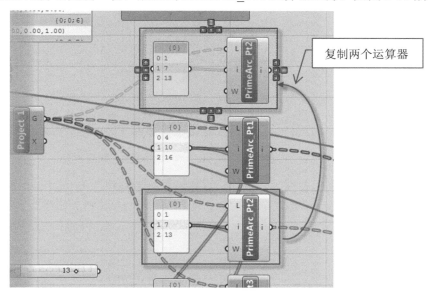

图 9-59　复制两个运算器

将复制出来的 PrimeArc_Pt 2 运算器更名为 PrimeLines，将与其相连的 Panel 运算器的参数设置为 0、6 和 12，如图 9-60 所示。

如果打开 PrimeLines 运算器的预览，视图中会出现三组放射状直线，如图 9-61 所示。观察完之后，将预览关闭。

创建一个 Amplitude(振幅)运算器，图标为 Amp，再创建一个 Move 运算器。

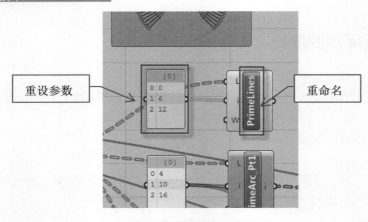

图 9-60　两个运算器的设置

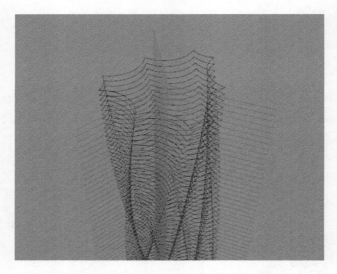

图 9-61　打开 PrimeLines 运算器的预览

将 Amp 运算器的 A 端口与乘法运算器连接，V 端口与 PrimeLines 运算器相连接。Move 运算器的 T 端口与 Amp 运算器连接，G 端口与 PrimeArc_Pt 2 相连接，如图 9-62 所示。

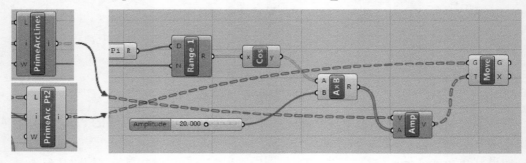

图 9-62　几个运算器的连接

将 Amp 运算器的 A 端口设置为 Graft 模式，如图 9-63 所示。

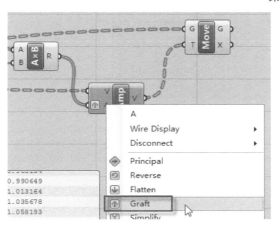

图 9-63　A 端口的设置

选中 Move 运算器，在 Front 视图中，3 组绿色的点从上到下呈现一种渐变移动的效果，如图 9-64 所示。

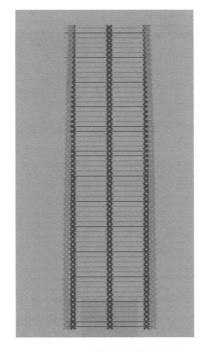

图 9-64　点的渐变移动效果

读者可尝试调整 Rot.Factor_1 和 Amplitude 两个滑块运算器，观察前视图中 3 组绿色点的变化，绿色点的排列呈现正弦曲线形态。Amplitude 用于控制正弦曲线的振幅，数值越大，振幅越大。如图 9-65 为 Rot.Factor_1=1.77 和 Amplitude=40 的时候绿色点的排列情况，是一个非常明显的正弦波曲线。

最终，将 Rot.Factor_1 设置为 0.98 左右，Amplitude 设置为 15 左右。

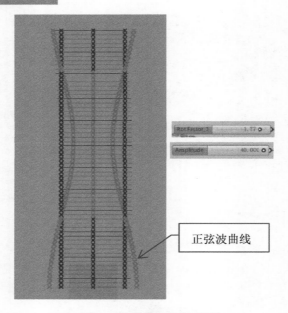

正弦波曲线

图 9-65　正弦波曲线排列

9.5.3　圆弧的关联

　　本节将把正弦曲线与楼板轮廓相关联，使轮廓曲线也产生渐变效果。在 9.5.2 节创建的乘法运算器的 A 端口右击，将该端口的模式设置为 Reverse(翻转)。绿色点的排列将产生一个上下翻转的效果，如图 9-66 所示。

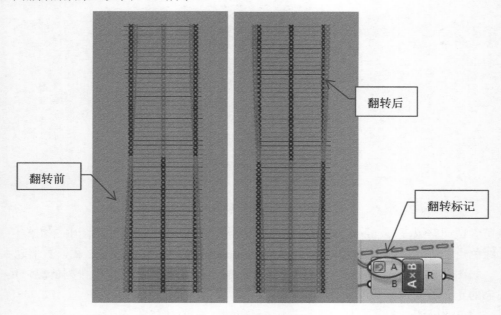

翻转后

翻转前

翻转标记

图 9-66　A 端口翻转

　　将 Move 运算器的 G 端口与 Arc 运算器的 B 端口相连接(可事先将该运算器移动到 Move

运算器的下方），如图 9-67 所示。

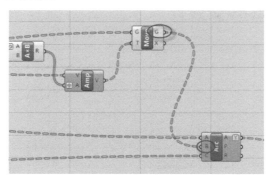

图 9-67　Move 运算器的连接

视图中的 3 组圆弧将从顶部的外凸渐变为底部的内凹，如图 9-68 所示。

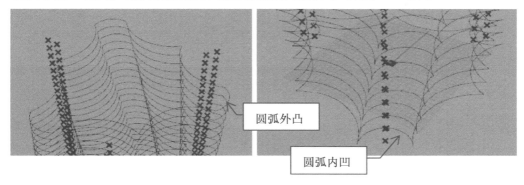

圆弧外凸

圆弧内凹

图 9-68　圆弧的渐变效果

将 Move 和 PrimeArc_Pt 2 运算器的预览关闭，视图中只留下楼板轮廓曲线，如图 9-69 所示。

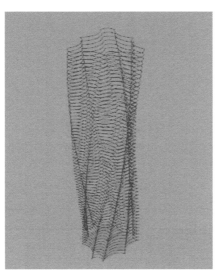

图 9-69　楼板轮廓曲线

9.5.4 另一组轮廓的渐变设置

本节来处理另一组楼板轮廓圆弧的渐变效果。

将表达式、正弦等 8 个运算器复制一份，如图 9-70 所示。

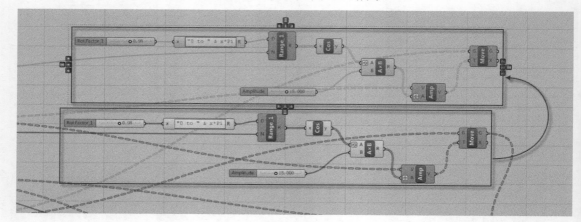

图 9-70　复制 8 个运算器

将复制出来的 8 个运算器移动到两个 Clean 运算器的右侧，如图 9-71 所示。

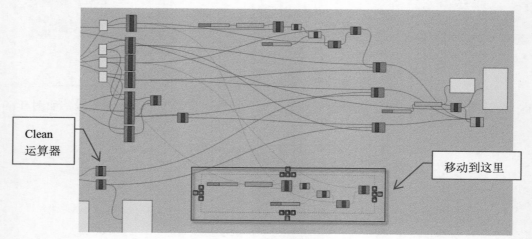

图 9-71　8 个运算器的位置

将下方的 PrimeArc_Pt 2 运算器的预览打开，视图中又有 3 组点显示出来，如图 9-72 所示。

将 PrimeArc_Pt 2 运算器与复制出来的 Move 运算器连接起来，如图 9-73 所示。

将 9.5.2 节创建的 PrimeLines 运算器复制一个，移动到 PrimeArc_Pt 3 运算器的下方。将其命名为 TertiaryLines，再将 Project 运算器与与其连接起来，如图 9-74 所示。

将 TertiaryLines 运算器与复制出来的 Amp 运算器相连接。将乘法运算器 A 端口的 Reverse 模式关闭，如图 9-75 所示。

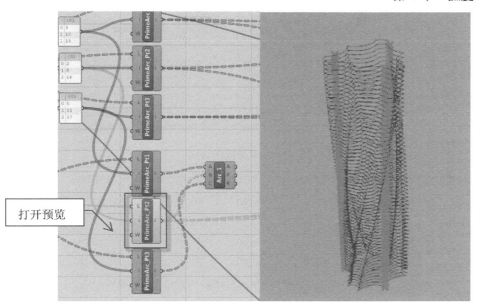

图 9-72　显示 3 组点

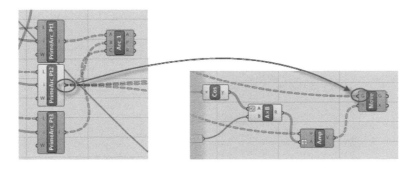

图 9-73　Move 运算器的连接

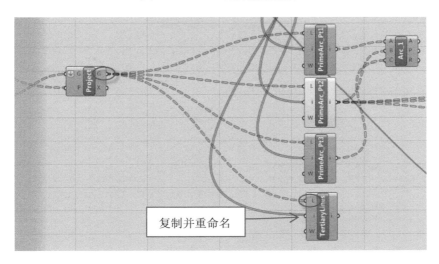

图 9-74　复制并重命名 PrimeLines 运算器

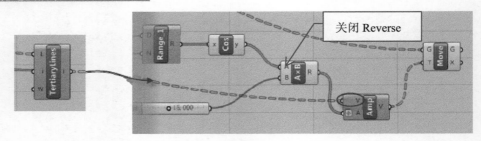

图 9-75　Amp 运算器的连接

将 Move 运算器与 Shift 运算器和 Arc_2 运算器连接起来，如图 9-76 所示。

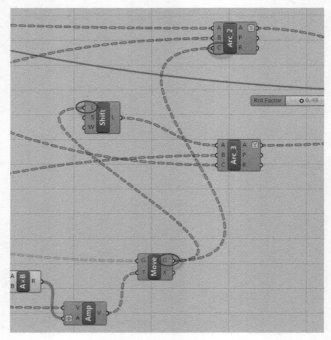

图 9-76　3 个运算器的连接

创建一个 Line(2 点成线)运算器，图标为 Ln。直线的第一个点来自 Move 运算器，将 Move 运算器与 Ln 的 A 端口相连接。直线的第二个点来自 XY 运算器，将 Ln 的 B 端口与工作区右上角的 XY 运算器相连接，如图 9-77 所示。

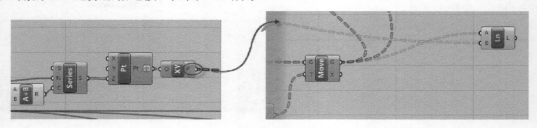

图 9-77　Ln 运算器的连接

在视图中，轮廓曲线的中间出现了 3 组放射状直线，如图 9-78 所示。

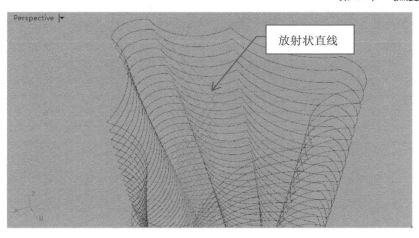

图 9-78　生成 3 组放射状直线

最后，将 Ln 运算器和 Rotate 运算器的 G 端口连接起来(按住 Shift 键)，如图 9-79 所示。

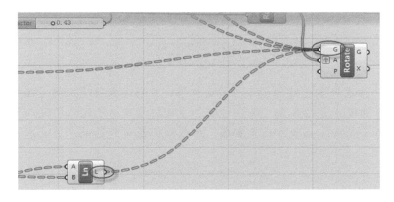

图 9-79　Ln 运算器与 Rotate 运算器

视图中将再次出现 3 组放射状直线，如图 9-80 所示。

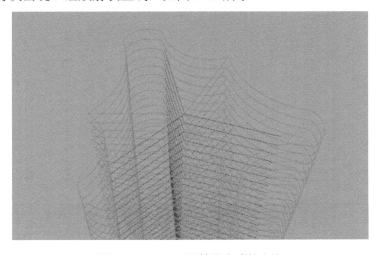

图 9-80　Rotate 运算器生成的直线

将 Ln 运算器的预览关闭，只留下 Rotate 运算器生成的 3 组直线，这也是本章操作的最终结果，如图 9-81 所示。

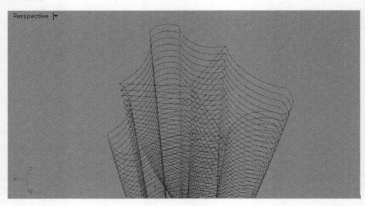

图 9-81　本章最终结果

本节的场景保存为 chapter_9_5.gh，保存在资源包中，读者可以从资源包中调用参考。

本章的操作涉及数字化建模的多个重要环节，既有参数设置、运算器的使用，还有表达式的使用，步骤较为复杂多变。有些步骤可能被忽略或由于操作错误而导致无法出现正确的结果，读者务必耐心细致、反复实践，方能做出正确的结果。

第 10 章

摩天大楼外表面的创建

内容提要:

- 分割弧度并创建底板轮廓
- 改变轮廓曲线的层数
- 外立面格栅的创建
- 独立划分点
- 完成外立面格栅
- 完成外立面放样

本章将讲解摩天大楼外立面栅格的创建技术，包括弧度分割、楼板编号、格栅创建和放样等环节。本章中使用了各种运算器和表达式来达到建模的目的，属于"技术含量"很高的一个章节。

10.1　分割弧度并创建底板轮廓

本节将对第 9 章创建的楼板轮廓曲线进行分割操作，包括分割运算器的使用、分割另外两组轮廓曲线等内容。

10.1.1　分割运算器的使用

继续第 9 章 9.5 节 chapter_9_5.gh 的内容。

在 Ln 运算器的 L 端口上右击，将其模式设置为 Simplify(简化)。该设置用于清除冗余的数据，使数据列表更加简洁明了。

如图 10-1 所示为使用和未使用简化的数据列表对比，未简化的列表圆弧和直线数据分布在不同的单元之中，查找十分不便。简化之后的数据列表将每一层的所有圆弧和直线都放在一个单元之中，便于查看。

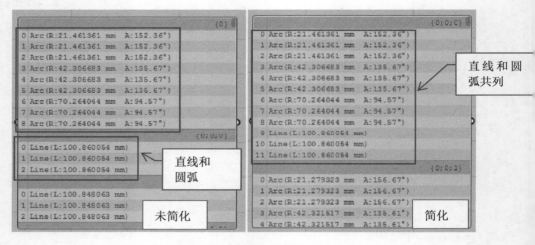

图 10-1　数据简化对比

创建 Split Tree 运算器(分割数据树)，图标为 Split。该运算器使用路径遮罩将一个数据树分割为两个部分。

将 Split 运算器与 Rotate 运算器连接起来，如图 10-2 所示。

创建一个 Panel 运算器，在其面板中输入如下表达式：

{*}[(0,3,...)OR(11)]

这个表达式的含义是选中第 0 行、第 3 行、第 6 行的圆弧和第 9 行、第 11 行的直线。其中{*}的含义是选择所有数据行。将 Panel 运算器与 Split 运算器连接起来，如图 10-3 所示。

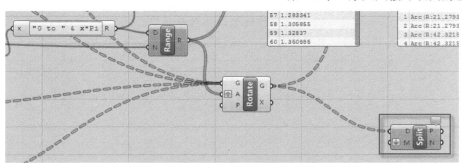

图 10-2　Split 运算器的连接

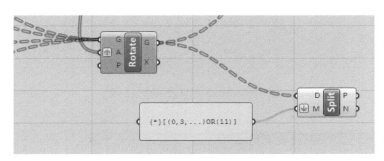

图 10-3　Panel 运算器的连接

将 Rotate 运算器的预览关闭，可以看到楼板轮廓曲线被分割出了三分之一，如图 10-4 所示。

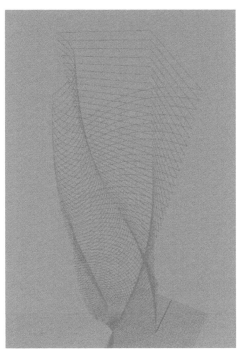

图 10-4　分割轮廓曲线的结果

如果给 Split 运算器连接一个 Panel 运算器观察数据列表，可以看到 0、3、6、9 和 11 列的数据被分割出来，其余的行都是空数据，如图 10-5 所示。

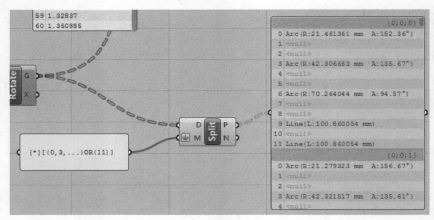

图 10-5　Split 运算器的数据列表

10.1.2　分割另外两组轮廓曲线

本节继续分割另外两组轮廓曲线。首先将 Split 运算器和与之相连的 Panel 运算器复制出两份，如图 10-6 所示。

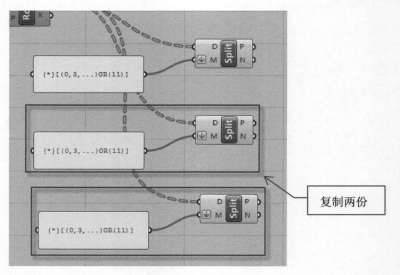

图 10-6　复制运算器

将两个 Panel 运算器的表达式分别改写为{*}[(1,4,...)OR(9)]和{*}[(2,5,...)OR(10)]，如图 10-7 所示。

这样，就把另外两组轮廓曲线也做了分割。本节的 GH 文件保存为 chapter_10_1.gh，保存在资源包中，供读者参考。

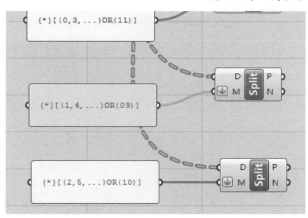

图 10-7　改写表达式

10.2　改变轮廓曲线的层数

本节将讲解改变不同轮廓曲线楼层数的方法，使摩天大楼的外观更加富于变化，包括改变轮廓的高度、表达式运算器生成楼层、表达式的输入等内容。

10.2.1　改变一组轮廓的高度

本节继续 10.1.2 节的内容。

我们希望把 3 组楼板轮廓曲线中的一组改变楼层高度，可以通过改写 Panel 运算器的表达式来实现，如图 10-8 所示。

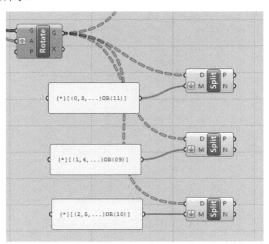

图 10-8　3 组轮廓曲线

双击第一组轮廓曲线的 Panel 运算器，将表达式改写为如下形式：

$$\{?;?;<=50\}[(0,3,...)OR(11)]$$

这个表达式的含义是，这一组轮廓曲线只生成 50 层以下的部分，如图 10-9 所示。

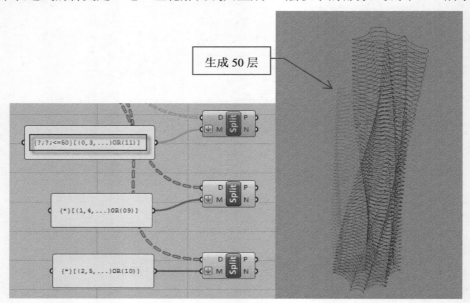

生成 50 层

图 10-9　通过表达式生成 50 层轮廓

10.2.2　表达式运算器

本节将讲解一种使用表达式运算器和滑块运算器生成楼层的方法。这种方法更加灵活，可以用滑块运算器方便地控制生成楼层的数量。在 Split 运算器的上方创建一个 Expression 运算器，如图 10-10 所示。

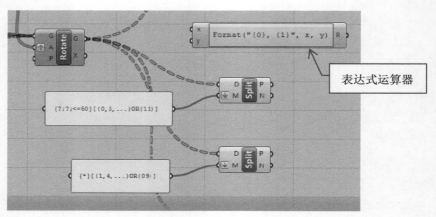

表达式运算器

图 10-10　创建 Expression 运算器

平移到 GH 工作区的左上角，将 Num.Flrs 滑块运算器复制一个，将复制出来的滑块运算器命名为 Num.Flrs_1，再创建一个减法运算器，如图 10-11 所示。

将减法运算器的 A 端口与 Num.Flrs 滑块运算器相连接，B 端口与 Num.Flrs 滑块运算器相连接，如图 10-12 所示。

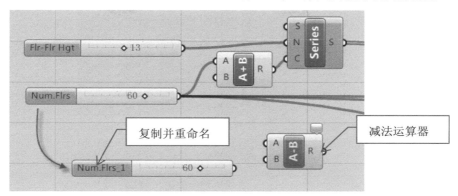

图 10-11　创建减法运算器

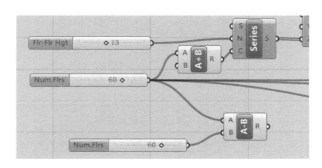

图 10-12　减法运算器的连接

将 Num.Flrs 滑块运算器和减法运算器同时选中，并移动到图 10-10 中的表达式运算器附近。为美观起见，可以将减法运算器的 A 端口设置为隐藏模式，如图 10-13 所示。

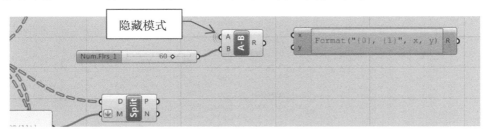

图 10-13　移动两个运算器

10.2.3　表达式的输入

双击表达式运算器，打开 Expression Designer(表达式设计器)对话框，在其 Expression 文本框中输入如下表达式：

Format("{{?;?;<={0}}}[(0,3,...)OR(11)]", x)

其含义是选择编号为 0、3、6、9 和 11 的轮廓曲线。

将 GH 工作区放大到 300%，单击表达式运算器 y 端口右侧的减号，将 y 端口删除，如图 10-14 所示。

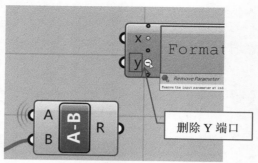

删除 Y 端口

图 10-14　删除 Y 端口

将表达式运算器与 Split 运算器连接起来，如图 10-15 所示。

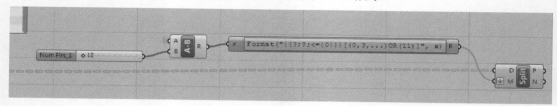

图 10-15　表达式运算器的连接

这样，就可以通过 Num.Flrs_1 滑块运算器方便地设置楼层的数量。

将 Num.Flrs_1、减法和表达式运算器复制一份，将复制出来的表达式运算器的表达式改写为如下形式：

$$Format("\{\{?;?;<=\{0\}\}\}[(1,4,...)OR(09)]", x)$$

其含义是选择编号为 1、4、7 和 9 的轮廓曲线，如图 10-16 所示。

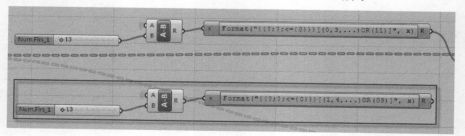

图 10-16　复制运算器

将上述表达式运算器与另一个 Split 运算器相连接，如图 10-17 所示。

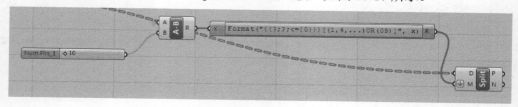

图 10-17　连接另一个 Split 运算器

此时视图中的摩天大楼呈现出高低不同、错落有致的造型，如图 10-18 所示。

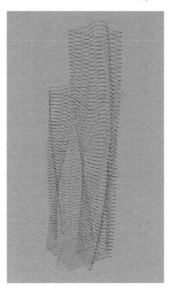

图 10-18　摩天大楼的造型

本节的 GH 文件保存为 chapter_10_2.gh，保存在资源包中，读者可以从资源包中调用参考。

10.3　外立面格栅的创建

本节将讲解对楼板轮廓做格栅化处理的方法。格栅化处理就是给楼板轮廓曲线加上细分点，包括重命名三个 Split 运算器、采用表达式格栅化处理轮廓曲线等内容。

10.3.1　重命名运算器

继续 10.2 节的内容。当前摩天大楼的轮廓曲线被分为高低不同的 3 组，如图 10-19 所示。

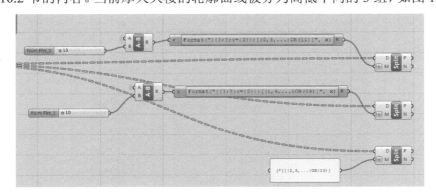

图 10-19　生成 3 组轮廓曲线的运算器

为了便于区别，我们将 3 个 Split 运算器重命名，从上到下分别命名为 Split_1、Split_2 和 Split_3，如图 10-20 所示。

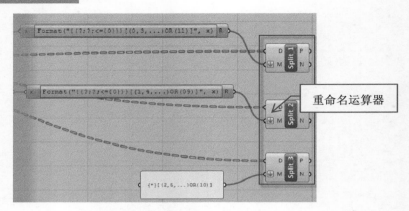

图 10-20　重命名 3 个 Split 运算器

10.3.2　格栅化处理轮廓曲线

在 Split_1 运算器右侧创建一个 Split Tree 运算器，图标为 Split。再创建一个 Panel 运算器，在其面板中输入如下表达式：

{*}[9,10,11]

将 Panel 运算器与新建 Split 运算器的 M 端口连接起来，如图 10-21 所示。

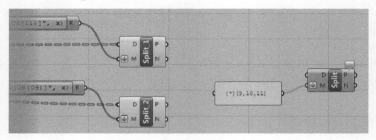

图 10-21　Split 运算器的连接

将新建的 Split 运算器复制出另外两个，仍保持与 Panel 运算器的连接关系，如图 10-22 所示。

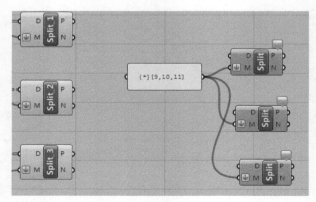

图 10-22　复制出两个 Split 运算器

将 Split_1、Split_2 和 Split_3 这 3 个运算器的 P 端口分别与新建的 3 个 Split 运算器的 D 端口连接起来，如图 10-23 所示。

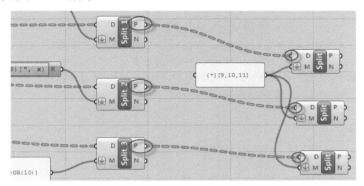

图 10-23　3 个 Split 运算器的连接

创建一个 Divide Curve 运算器，图标为 Divide。将新建的 3 个 Split 运算器的 N 端口分别与 Divide 运算器的 C 端口相连接，如图 10-24 所示。

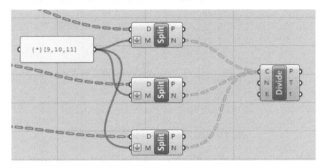

图 10-24　Divide 运算器的连接

视图中的所有楼板轮廓曲线上都出现了细分点，如图 10-25 所示。

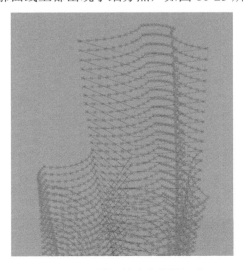

图 10-25　楼板轮廓曲线被细分

本节的 GH 文件保存为 chapter_10_3.gh，保存在资源包中，读者可以从资源包中调用参考。

10.4 独立划分点

本节将讲解摩天大楼外立面网格的生成方法。包括 Clean Tree 运算器清理数据、Line 运算器生成网格线、Panel 运算器连线优化等内容。

10.4.1 清理数据

本节继续 10.3 节的内容。创建一个 Clean Tree 运算器，与 chapter_10_3.gh 创建的 Divide 运算器连接起来，再创建一个 Split 运算器，与 Clean 连接起来，如图 10-26 所示。

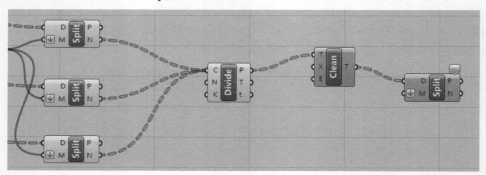

图 10-26　Clean 运算器的连接

创建一个滑块运算器，取值范围为 8～30，当前值为 14，将该运算器与 Divide 运算器的 N 端口相连接。将 Divide 运算器的 P 端口设置为 Simplify 模式，如图 10-27 所示。

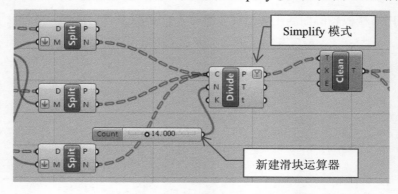

图 10-27　Divide 运算器的连接和设置

创建一个 Panel 运算器，在其面板中输入如下表达式：

$$\{(0,2,...);?\}[0,2,...]$$

将 Panel 运算器与 Split 运算器相连接，如图 10-28 所示。

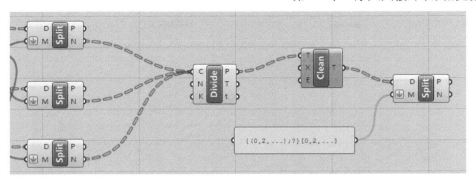

图 10-28　Panel 运算器的连接

10.4.2　生成网格

创建一个 Relative Items(关联项目)运算器，图标为 RelItem2。这个运算器要注意与另一个相似的 Relative Item 运算器区别开，两个运算器都位于标签面板 Sets 下的 Tree 中，仅一字之差，如图 10-29 所示。

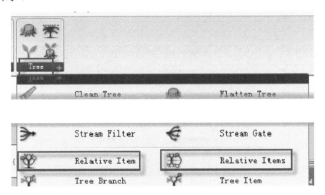

图 10-29　两个极为相近的运算器

Relative Item 运算器用于检索同一个数据树中相关项目的组合，而 Relative Items 运算器用于检索两个数据树中相关项目的组合，二者的功能完全不同。将 RelItem2 运算器分别与 Clean 和 Split 运算器连接起来，如图 10-30 所示。

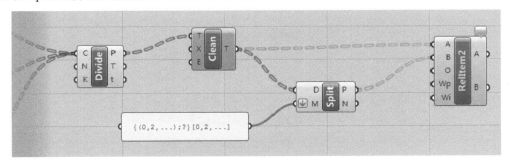

图 10-30　RelItem2 运算器的连接

创建一个 Panel 运算器，设置为多行模式，在其中输入如下表达式：

$$\{+1;0\}[+1]$$

$$\{+1;0\}[-1]$$

将这个 Panel 运算器与 RelItem2 运算器的 O 端口连接起来，如图 10-31 所示。

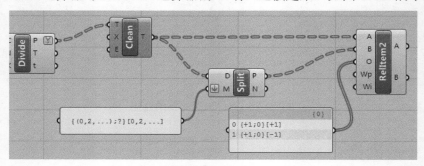

图 10-31　Panel 运算器的设置

创建一个 Line(2 点成线)运算器，图标为 Ln，将其与 RelItem2 运算器连接起来，如图 10-32 所示。

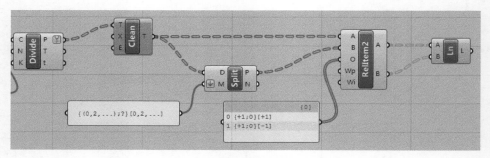

图 10-32　Ln 运算器的连接

两层楼板轮廓曲线的顶点之间生成了连线，如图 10-33 所示。

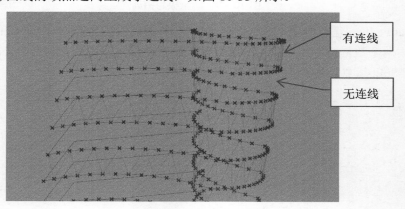

图 10-33　楼板轮廓之间生成了连线

仔细观察图 10-33 可以发现，目前生成的连线有问题，第一层和第二层之间有连线、第三层和第四层之间有连线，但是第二层和第三层之间没有连线。

将 RelItem2 运算器和 Ln 运算器复制一份并向下方移动，将 Split 运算器的 N 端口与新复制出来的 RelItem2 运算器的 B 端口相连接，如图 10-34 所示。

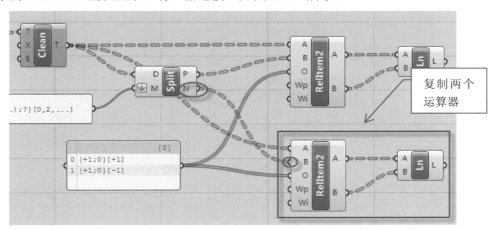

图 10-34　复制并连接运算器

此时在视图中，相邻两层之间都生成了连线，如图 10-35 所示。

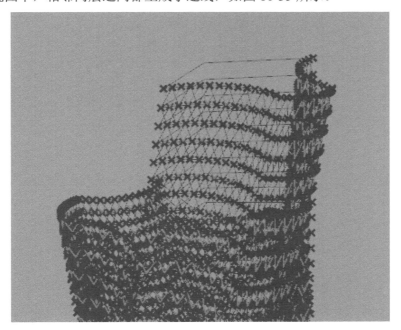

图 10-35　相邻两层之间都生成了连线

10.4.3　连线的优化

10.4.2 节虽然已经通过轮廓曲线之间的连线形成了外立面的网格解构，但是还不够完善，本节继续优化网格。

同时选中 Split 运算器及与之相连的 Panel 运算器，将两个运算器复制一份，如图 10-36

所示。

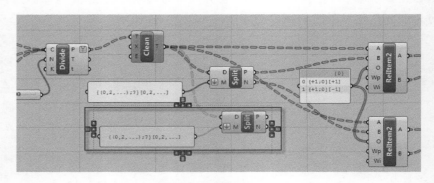

图 10-36　复制两个运算器

将复制出来的 Panel 运算器的表达式改写如下：

$$\{!(0,2,...);?\}[!(0,2,...)]$$

将复制出来的 Split 运算器与 10.4.2 节复制的 RelItem2 运算器连接起来，如图 10-37 所示。

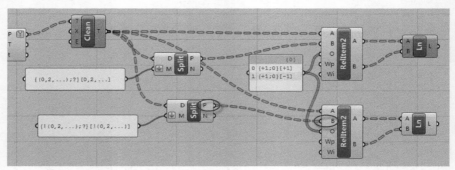

图 10-37　Split 运算器的连接

至此，如果将所有点的预览都关闭，视图中的外立面将呈现规则的三角网格，如图 10-38 所示。

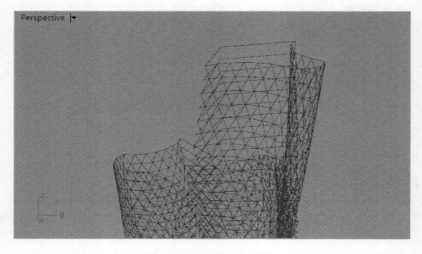

图 10-38　外立面的网格

本节的 GH 文件保存为 chapter_10_4.gh，保存在资源包中，读者可以从资源包中调用参考。

10.5　完成外立面格栅

10.4 节完成了所有楼板圆弧轮廓的顶点连接，形成了外立面格栅，但是内部放射状直线之间的连线还没有能建立起来，如图 10-39 所示。

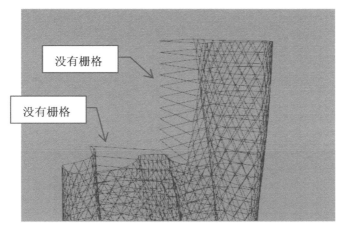

图 10-39　3 组放射直线没有生成栅格

本节讲解如何将需要生成栅格的放射状直线选取出来，为建立这些直线之间的栅格做好准备。

10.5.1　表达式运算器

本节继续 chapter_10_4 的内容。在 Split_3 运算器的下方创建一个表达式运算器，如图 10-40 所示。

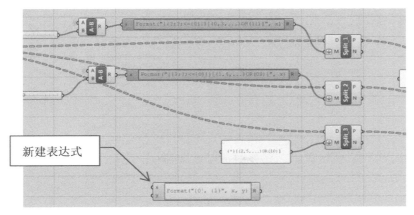

图 10-40　新建表达式运算器

双击新建的表达式运算器，在其表达式输入框中输入如下表达式：

Format("{{?;?;<={0} AND >={1}}}", x,y)

注意其中的 AND 前后都要留一个空格。

将表达式运算器的 x、y 端口分别与两个减法运算器相连接。再创建一个 Panel 运算器与表达式运算器相连接，如图 10-41 所示。

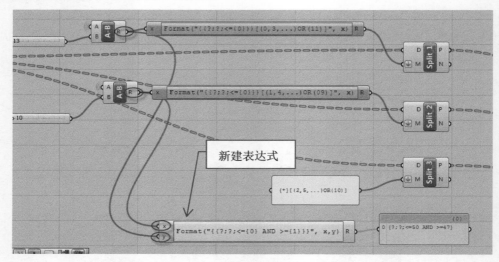

图 10-41　表达式运算器的连接

新建一个 Split 运算器，将其与上一步创建的 Panel 运算器和上方的 Split 运算器连接起来。这一步的含义是从上方的 Split 运算器中分离出表达式中所需要选取的直线，如图 10-42 所示。

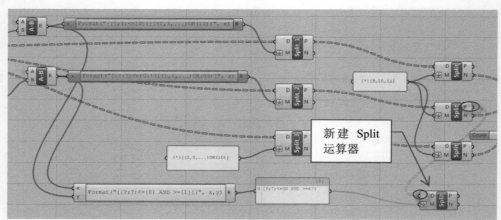

图 10-42　Split 运算器的连接

如果选中新建的 Split 运算器，在视图中可以看到有一组直线(绿色)被选中，如图 10-43 所示。

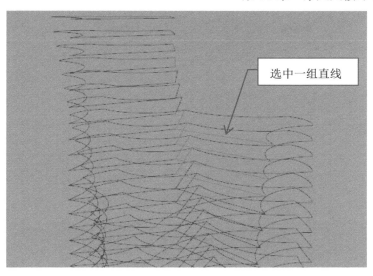

图 10-43　一组直线被选中

10.5.2　另外两组直线的选择

双击 10.5.1 节创建的表达式运算器，打开其编辑面板，将表达式改写如下：

Format("{{?;?;<={0} AND >={1}}}[09]", x,y)

将表达式运算器及与其相连的 Panel 运算器复制一份，如图 10-44 所示。

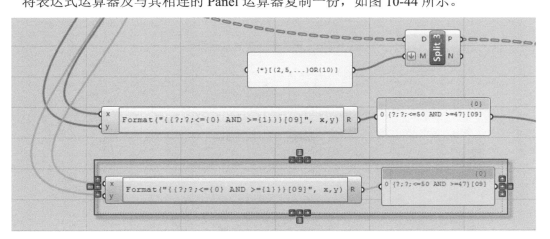

图 10-44　复制两个运算器

将复制出来的表达式运算器与工作区右上角的 Num Flrs 运算器相连接，保持与这个滑块运算器的联动关系，如图 10-45 所示。为美观起见，可以将 x 端口设置为隐藏模式。

将上述表达式运算器和与之相连的 Panel 运算器再复制一份，如图 10-46 所示。

将 Panel 运算器右侧的 Split 运算器向下方复制出两个，如图 10-47 所示。

将复制出来的两个 Split 运算器的 D 端口都与上方的 Split_6 运算器的 P 端口相连接，如图 10-48 所示。

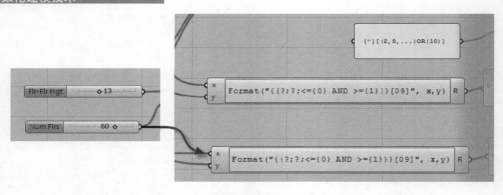

图 10-45　表达式运算器 X 端口的连接

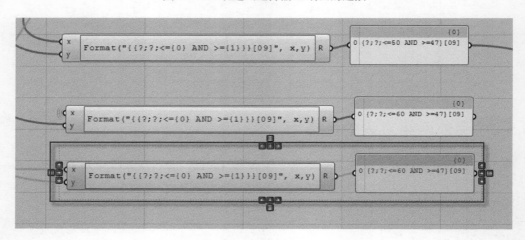

图 10-46　再次复制表达式运算器

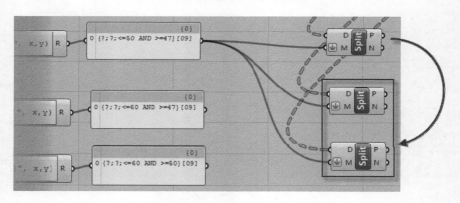

图 10-47　两次复制 Split 运算器

将两个 Split 运算器的 M 端口分别与左侧的两个 Panel 运算器相连接，如图 10-49 所示。

双击图 10-44 中复制的表达式运算器，在表达式文本框中将表达式修改如下：

Format("{{?;?;<={0} AND >={1}}}[11]", x,y)

主要的修改是将原表达式中的 09 改为 11，如图 10-50 所示。

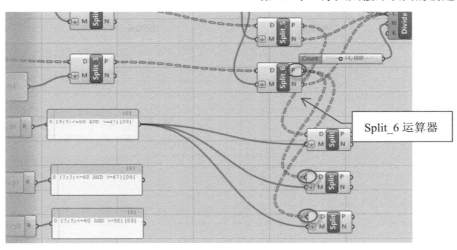

图 10-48 两个 Split 运算器 D 端口的连接

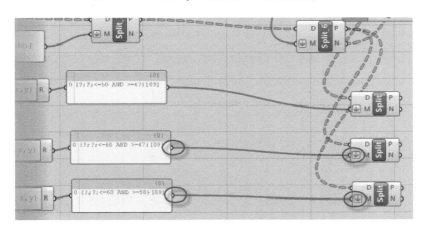

图 10-49 Split 运算器 M 端口的连接

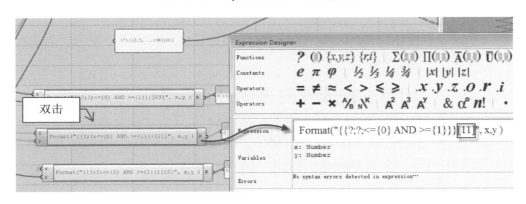

图 10-50 修改表达式

以此类推,将第 3 个表达式中的 10 改写为 11,如图 10-51 所示。

如果将本节创建的 3 个 Split 运算器同时选中,在视图中可以看到有 3 组直线被选中,这 3 组直线恰好位于摩天大楼外立面上,如图 10-52 所示,为 10.6 节创建这一区域的外立面格

栅做好了准备。

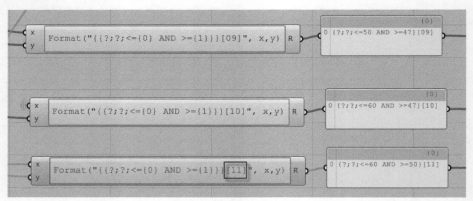

图 10-51　改写第 3 个表达式

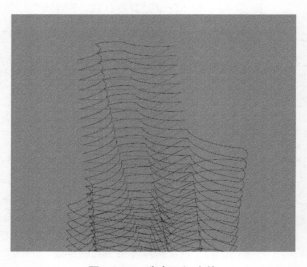

图 10-52　选中 3 组直线

本节的 GH 文件保存为 chapter_10_5.gh，保存在资源包中，读者可以从资源包中调用参考。

10.6　完成外立面系统和放样表面

本节将创建外立面直线上的格栅、细分点，并完成外立面的放样，包括创建三组直线之间的点、格栅的创建、一组直线的放样和完成全部外立面放样等内容。

10.6.1　创建三组直线之间的点

本节继续 chapter_10_5.gh 的内容。本节讲解如何在 10.5.2 节的基础上，创建 3 组直线之间的格栅。

首先为了方便观察，将 3 组格栅之外的其他轮廓线都暂时关闭预览。将 Split_1 到 Split_6

这几个运算器的预览都关闭。此时视图中只剩下 10.5.2 节创建的 3 组直线，如图 10-53 所示。

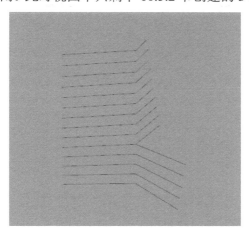

图 10-53　三组直线

在 10.5.2 节创建的 3 个 Split 运算器的右侧创建 3 个 Clean 运算器，并分别与 3 个 Split 运算器相连接，如图 10-54 所示。

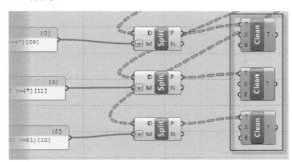

图 10-54　3 个 Clean 运算器的连接

选中上方与 Split_4、Split_5 和 Split_6 相连的 Divide 运算器及与其相连的滑块运算器，复制一份，放置到 3 个 Clean 运算器的右侧，如图 10-55 所示。

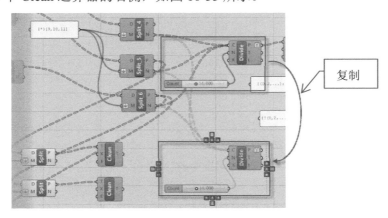

图 10-55　复制两个运算器

将 Divide 运算器再复制两个，分别与 3 个 Clean 运算器连接起来，如图 10-56 所示。

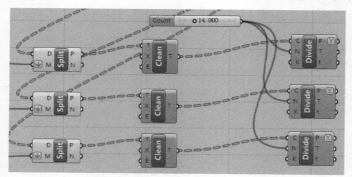

图 10-56　3 个 Divide 运算器的连接

如果打开 3 个 Divide 运算器的预览，在视图中可以看到三组直线上出现了细分的点，如图 10-57 所示。

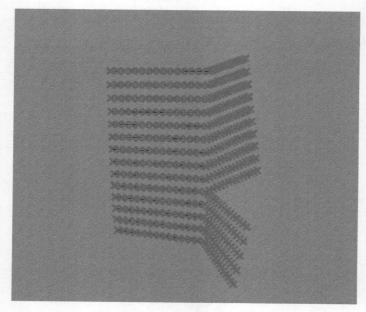

图 10-57　直线上的细分点

10.6.2　格栅的创建

创建一个 Relative Item 运算器，图标为 RelItem，放置到 Divide 运算器右侧，再复制出另外两个，如图 10-58 所示。

创建一个 Panel 运算器，在其面板中输入{+1}，将其与 3 个 RelItem 运算器的 O 端口相连接，如图 10-59 所示。

创建 Line 运算器，图标为 Ln。复制出另外两个，分别与 3 个 RelItem 运算器的 A、B 端口相连接。此时视图中，3 组直线之间生成了连线，成功构建了格栅，如图 10-60 所示。

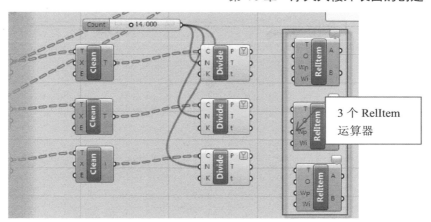

图 10-58　创建 3 个 RelItem 运算器

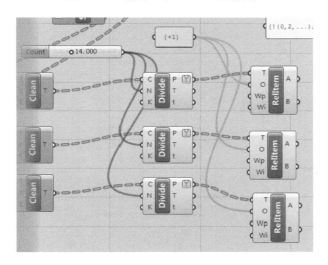

图 10-59　Panel 运算器的连接

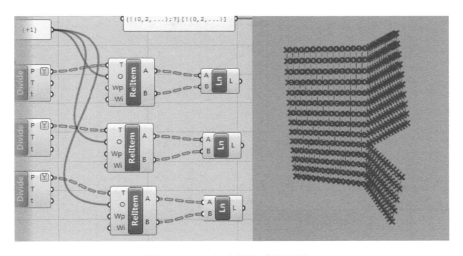

图 10-60　3 组直线构建的格栅

如果将 3 个 Divide 运算器的预览关闭，则关闭了点的显示，可以更好地观察格栅，如图 10-61 所示。

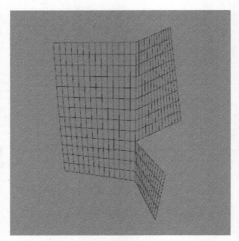

图 10-61　显示格栅

10.6.3　一组直线的放样

将第 9 章创建的两个 Ln 运算器的预览打开，到目前为止，摩天大楼的外立面格栅如图 10-62 所示。

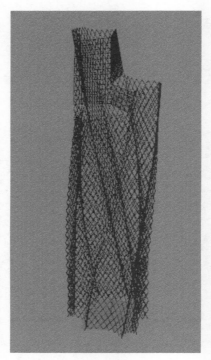

图 10-62　摩天大楼的外立面

将第 9 章创建的两个 Ln 运算器与 10.6.2 节创建的 3 个 Ln 运算器放置在一起，并打成一个组，命名为 Face Lines，如图 10-63 所示。

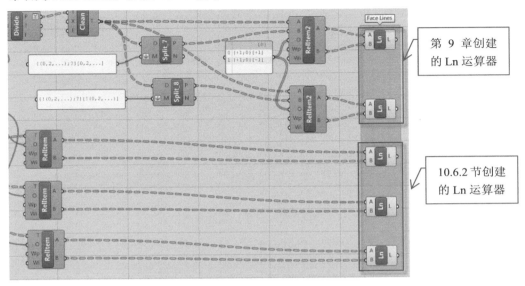

第 9 章创建的 Ln 运算器

10.6.2 节创建的 Ln 运算器

图 10-63　5 个 Ln 运算器打成一个组

将 5 个 Ln 运算器的预览全部关闭，打开 Split_1 到 Split_6 运算器的预览。这样，只显示全部楼板的轮廓曲线，关闭了格栅的显示，如图 10-64 所示。

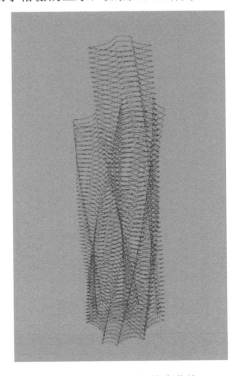

图 10-64　显示所有轮廓曲线

在 Clean 运算器的右侧创建一个 Join Curves(结合曲线)运算器，图标为 Join，再创建一个 Loft(放样)运算器。

将 Clean 运算器和 Join 运算器、Loft 运算器连接起来，如图 10-65 所示。

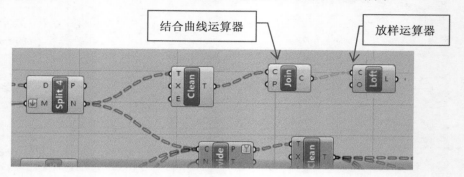

图 10-65　3 个运算器的连接

将 Loft 运算器的 C 端口设置为 Flatten 模式，直线之间生成了放样表面，如图 10-66 所示。

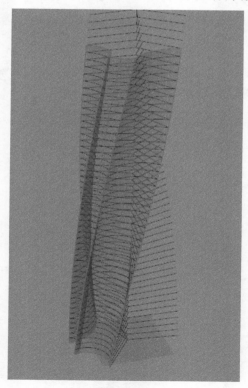

图 10-66　生成放样表面

10.6.4　完成全部外立面的放样

本节将依照 10.6.3 节的操作，将所有外立面的放样完成。

将 10.6.3 节创建的 Clean、Join 和 Loft 3 个运算器向下复制两份，如图 10-67 所示。

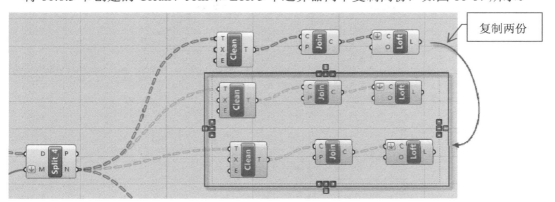

图 10-67　复制 3 个运算器

确保 Split_5 和 Split_6 两个运算器的预览处于打开状态。将上一步复制出来的两组运算器中的 Clean 运算器分别与 Split_5 和 Split_6 运算器相连接，如图 10-68 所示。

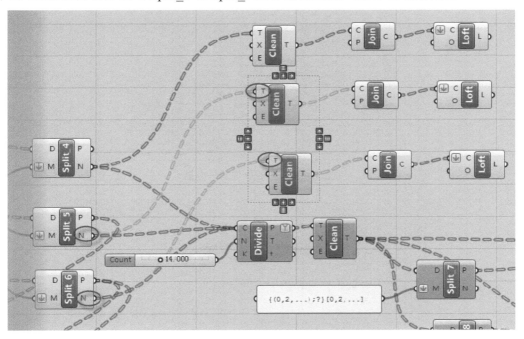

图 10-68　两个 Clean 运算器的连接

至此，由圆弧组成的所有外立面都完成了放样，如图 10-69 所示。

最后，将 10.5 节选出的 3 组直线也做放样操作，生成这 3 组直线上的外立面。将 Join 和 Loft 运算器复制 3 组，放置到 Face Lines 群组下方，如图 10-70 所示。

将上述 3 组运算器中的 3 个 Join 运算器分别与 10.6.1 节创建的 Clean 运算器连接起来，如图 10-71 所示。

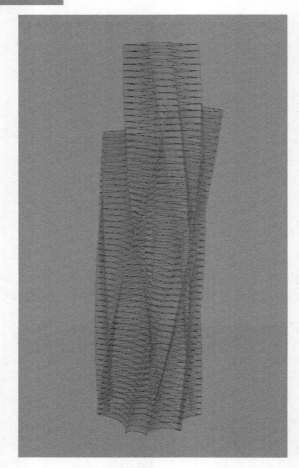

图 10-69　完成放样的外立面

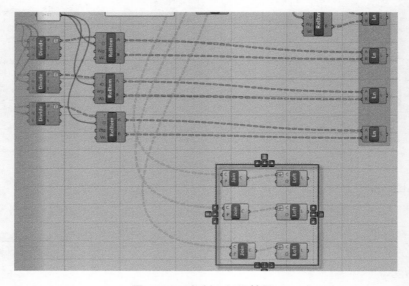

图 10-70　复制 3 组运算器

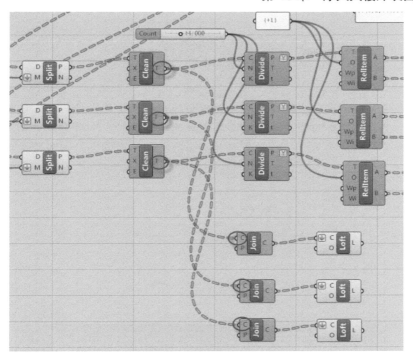

图 10-71　3 个 Join 运算器的连接

此时在视图中，3 组直线之间生成了放样表面，如图 10-72 所示。

图 10-72　3 组直线上的放样

本节的 GH 文件保存为 chapter_10_6.gh，保存在资源包中，读者可以从资源包中调用参考。

本章小结

　　本章是形成大楼外立面的关键章节，外立面的创建需要经历细分曲线、创建格栅点、创建连线、放样等环节。其中放样是重要的由曲线生成曲面的操作，在三维软件中被广泛使用。放样至少需要两条曲线，生成曲面的原理通常有两种，一种是以一条曲线为路径，另一条曲线为截面生成曲面；另一种是在两条曲线之间生成曲面，本例中采用的是后者。

第 11 章

楼板的设计

内容提要：

- 创建楼板
- 完成楼塔并烘焙到 Rhino

本章是摩天大楼建模的大结局，我们将创建每层楼的楼板，并把整个大楼的 GH 模型烘焙输出为 Rhino 格式，以便在 Rhino 中做进一步编辑处理。

11.1 创 建 楼 板

11.1.1 整理文件

本节继续 10.6 节的内容。首先整理一下 GH 文件，将 10.6 节创建的为 3 组直线放样的 3 个 Loft 运算器打成一个组，命名为 Enclosure surfs，如图 11-1 所示。

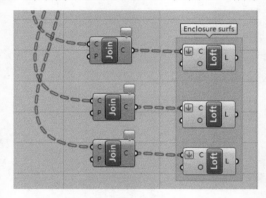

图 11-1　3 个 Loft 运算器打成一个组

将 Split_1、Split_2 和 Split_3 这 3 个运算器打成一个组，命名为 Slab Profiles，如图 11-2 所示。

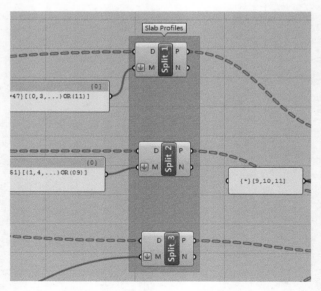

图 11-2　Slab Profiles 群组

11.1.2　收缩轮廓曲线

创建一个 Join(连接)运算器和一个 Clean 运算器，将这两个运算器与 Split_1 运算器连接起来，如图 11-3 所示。

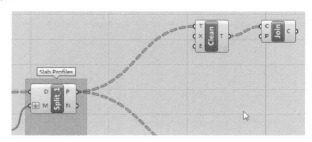

图 11-3　Clean 运算器的连接

创建一个 Scale NU 运算器，该运算器用于对物体进行缩放操作，将 Scale NU 运算器设置到图 11-3 中 Join 运算器的右侧，并将 Scale NU 运算器与 Join 运算器连接起来，如图 11-4 所示。

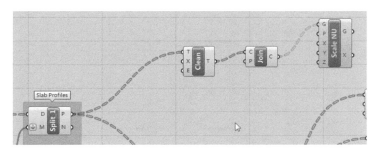

图 11-4　Scale NU 运算器

创建一个 Panel 运算器，在其面板中输入.98，再将其与 Scale NU 运算器的 XY 端口连接起来，含义是将轮廓曲线的 XY 轴向缩小为 98%，结果如图 11-5 所示。

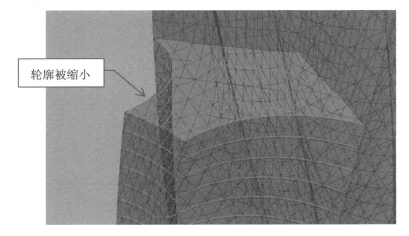

图 11-5　轮廓曲线被缩小

将 Clean、Join 和 Scale NU 这 3 个运算器向下复制出两组，如图 11-6 所示。

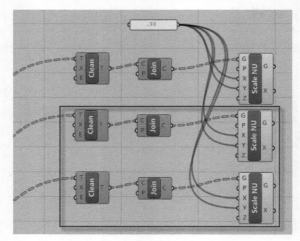

图 11-6 复制两组运算器

将复制出来的 Clean 运算器分别与 Split_2 和 Split_3 连接起来，如图 11-7 所示。

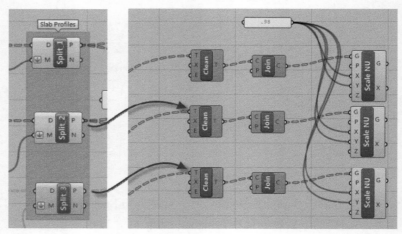

图 11-7 两个 Clean 运算器的连接

11.1.3 挤压楼板厚度

本节将挤压楼板的厚度，主要采用 Extrude(挤压)运算器。挤压运算器用于将曲线或面沿某个轴向挤压成一个带有厚度的三维实体。

创建一个 Panel 运算器、一个 Unit Z 运算器和一个 Extrude(挤压)运算器。Unit Z 运算器图标为 Z，Extrude 运算器的图标为 Extr，如图 11-8 所示。

将 Panel 的参数设置为 1，并将其命名为 Slab Thickness(楼板)，将其与 Unit Z 运算器连接起来。将 Extr 运算器与 Z 和 Scale NU 运算器连接起来，其含义是沿 Z 轴向挤压楼板，厚度为 1，如图 11-9 所示。

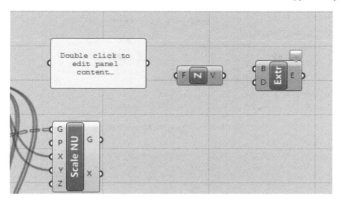

图 11-8　新建 3 个运算器

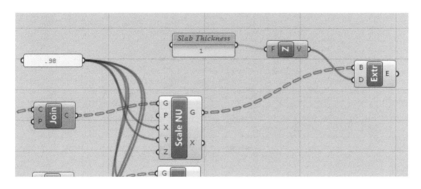

图 11-9　Extr 运算器的连接

此时，视图中楼板已经被挤出了厚度，如图 11-10 所示。

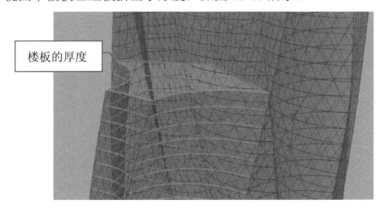

楼板的厚度

图 11-10　楼板的厚度

目前，楼板的厚度已经生成，但是楼板的两端还没有加盖，还需要使用运算器给楼板加上盖子才是完整的楼板。

创建一个 Cap Holes(加盖)运算器，图标为 Cap。该运算器可以为各种空洞加上平面的盖子。将 Cap 运算器与 Extr 运算器相连接，如图 11-11 所示。

此时，视图中的楼板两端都加上了盖子，成为一个实体，如图 11-12 所示。

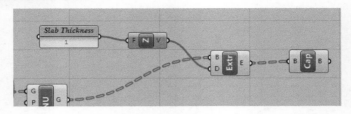

图 11-11 Cap 运算器的连接

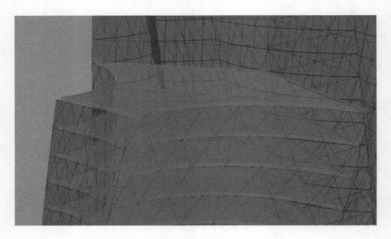

图 11-12 加上盖子的楼板

11.1.4 修正挤压方向

目前楼板的厚度已经生成，但是楼板的挤压方向有问题，现在是沿 Z 轴的正方向挤压，因此顶楼的楼板是凸在外面的，如图 11-13 所示。

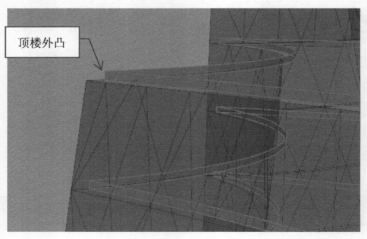

图 11-13 顶楼楼板外凸

创建一个 Reverse(翻转)运算器，图标为 Rev，该运算器可以将法线方向翻转 180°。将 Rev 运算器插入 Z 和 Extr 运算器之间，含义是将 Z 轴向翻转 180°，使原来的正方向(向上)

挤压变为负方向(向下)挤压，如图 11-14 所示。

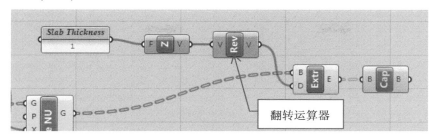

图 11-14　翻转运算器的连接

经过上述步骤的处理，顶楼的楼板改为向下挤压，与外立面持平，效果恢复正常，如图 11-15 所示。

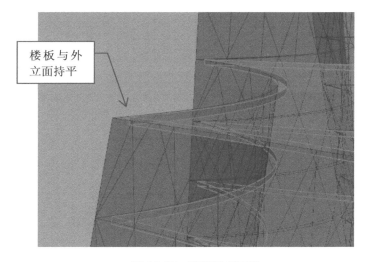

图 11-15　顶楼楼板正常

将 Extr 和 Cap 运算器复制两份，分别与另外两个 Scale NU 运算器连接，如图 11-16 所示。

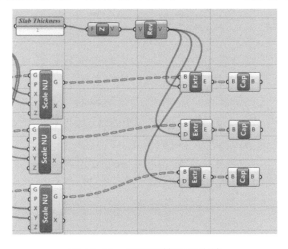

图 11-16　两组运算器的连接

此时在视图中，所有的楼板都得到了挤压，如图 11-17 所示。

图 11-17   所有楼板完成挤压

本节的 GH 文件保存为 chapter_11_1.gh，保存在资源包中，读者可以从资源包中调用参考。

11.2   完成楼塔并烘焙到 Rhino

本节将讲解摩天大楼最终完善和输出到 Rhino 的操作。包括线条的管状化、保存状态、烘焙到 Rhino 等内容。

11.2.1   线条管状化

目前，构成外立面的连线都已经生成，还需要将这些线条转换为圆管状实体才能具有实用价值。

在 GH 工作区创建一个 Pipe(圆管)运算器，该运算器可基于曲线创建圆管，其工作原理如图 11-18 所示。一个半径为 6 的圆圈，如果与 Pipe 进行连接，就会生成一个以圆圈为中心的圆管，圆管的半径由其 R 端口的输入数值决定。

创建 Pipe 运算器和一个 Panel 运算器，将 Panel 设置为 0.5，并与 Pipe 运算器的 R 端口连接。将 Facade Lines 群组中的两个 Ln 运算器分别与 Pipe 的 C 端口连接，如图 11-19 所示。

注　意

生成圆管的时候，计算机需要花一些时间进行计算，耗时由计算量和计算机配置所决定。

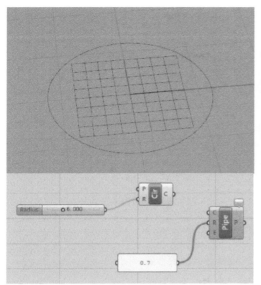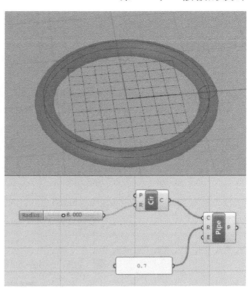

图 11-18　Pipe 运算器工作原理

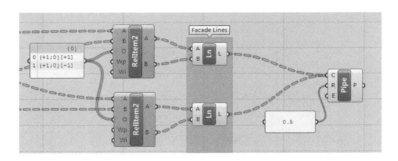

图 11-19　Pipe 运算器的连接

此时在视图中可以看到，原来的格栅线条都被圆管所包围，成为三维实体模型，如图 11-20 所示。

图 11-20　格栅转换为圆管

以此类推，将 Facade Lines 群组中的另外 3 个 Ln 运算器也生成圆管，半径设置为 0.25，如图 11-21 所示。

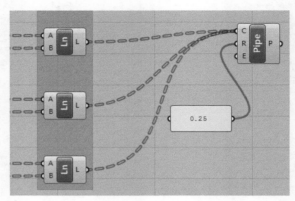

图 11-21　另外 3 个 Ln 运算器的圆管设置

由 3 组直线构成的外立面格栅被转换为圆管，如图 11-22 所示。

图 11-22　3 组外立面转换为圆管

将 Facade Lines 群组中的 5 个 Ln 运算器全部关闭预览。至此，摩天大楼的数字化建模全部完成。

11.2.2　保存状态

在 GH 中的参数化建模工作完成之后，需要将参数化模型转换为 Rhino 模型并继续做其他的手动编辑。这个由参数化模型转换为三维模型的过程被称为"烘焙"。

首先在状态管理器中保存一下当前的状态。选择 GH 菜单 Solution→Save State(解算→保存状态)命令，如图 11-23 所示。

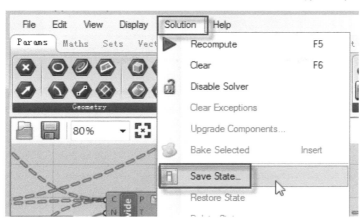

图 11-23　选择 Save State 命令

此时将打开 State Manager(状态管理器)对话框。该对话框可以保存所有 GH 中的滑块的参数。在 State Manager 对话框中，在 State name 文本框中输入一个便于识别的名称，如 Design Iteration 01(设计迭代)，如图 11-24 所示。

这样操作之后，当前所有滑块运算器的数值都将被保存下来，方便以后可能的编辑修改。

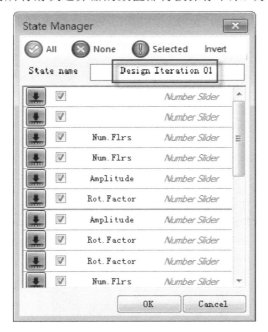

图 11-24　State Manager 对话框

做过状态保存之后，随时可以选择菜单 Restore State (还原状态)→Design Iteration 01 命令将保存的状态恢复，如图 11-25 所示。

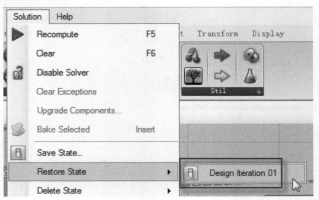

图 11-25　还原状态

11.2.3　烘焙到 Rhino

将 GH 模型转换为 Rhino 模型的过程称为"烘焙",烘焙之后,就可以在 Rhino 中选择并编辑三维模型。

首先设置一下图层。打开 Rhino 的图层面板,单击面板上方工具栏中的 □ 按钮,新建一个图层,默认名称是"图层 01",如图 11-26 所示。

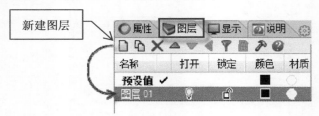

图 11-26　新建图层

将"图层 01"重命名为 Facade,如图 11-27 所示。

再新建两个图层,分别命名为 Glazing 和 Slabs,如图 11-28 所示。

图 11-27　重命名图层

图 11-28　新建两个图层

给新建的三个图层指定不同的颜色,方便在烘焙之后加以区分,如图 11-29 所示。

回到 GH 工作区,在半径为 0.5 的 Pipe 运算器上右击,在弹出的快捷菜单中选择 Bake(烘焙)命令,打开 Attributes(属性)对话框,选择 Facade 为预设图层,如图 11-30 所示。最后单击 OK 按钮开始烘焙。

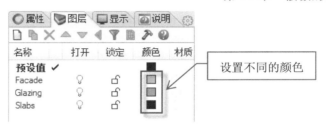

图 11-29　设置图层的颜色

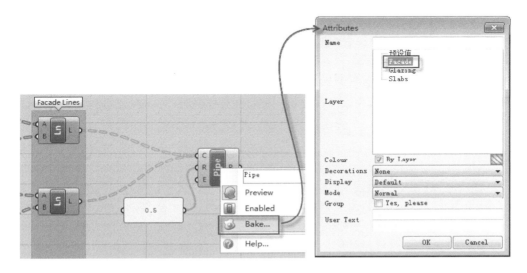

图 11-30　烘焙设置

此时在视图中，构成曲面格栅的圆管已经被转换为 Rhino 实体，其颜色与图层中的设置一致，还可以在 Rhino 中被选中和编辑，如图 11-31 所示。

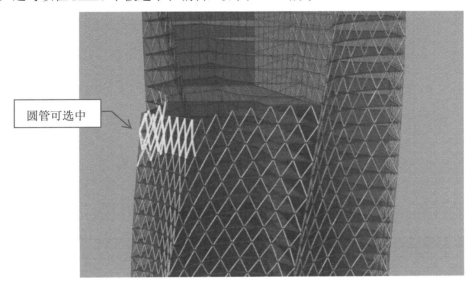

图 11-31　完成烘焙

以此类推，将半径为 0.25 的 Pipe 运算器也烘焙到 Facade 图层，如图 11-32 所示。

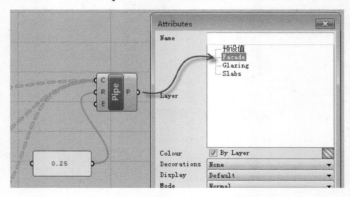

图 11-32　烘焙 0.25 的 Pipe 运算器

烘焙外立面。在图层面板中，将 Glazing 设置为当前图层。在 GH 工作区，选中 Enclosure Srfs 群组，按 Space(空格)键，在弹出的设置盘中单击 Bake 图标，如图 11-33 所示。

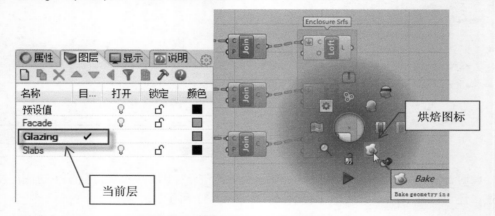

图 11-33　烘焙 Enclosure Srfs 群组

采用相同的操作，将另一个 Enclosure Srfs_1 群组也进行烘焙，烘焙到 Glazing 图层，如图 11-34 所示。

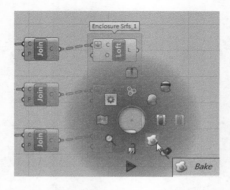

图 11-34　烘焙 Enclosure Srfs_1 群组

最后，将 Slabs 群组烘焙到 Slabs 图层，如图 11-35 所示。

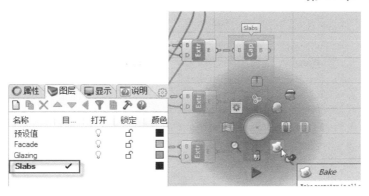

图 11-35 烘焙 Slabs 群组

单击 Perspective 右侧的下拉按钮，打开视图设置菜单，将透视图设置为"着色模式"，如图 11-36 所示。

图 11-36 透视图的着色模式

在 GH 中，将烘焙输出的几个群组都关闭预览，视图中可以看到烘焙到 Rhino 的模型，如图 11-37 所示。

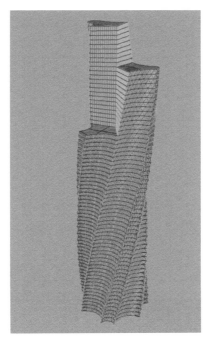

图 11-37 最终完成的摩天大楼

参数化建模技术

本章小结

　　本章讲解了摩天大楼楼板模型的创建和烘焙模型到 Rhino 的操作。"烘焙"在三维软件中是很重要的概念和操作，其实质是一种转换或转移。本章讲解的模型烘焙，是将模型的格式由 GH 格式转换为 Rhino 格式。三维中还有贴图烘焙和动画的烘焙等操作，其概念与这里的格式转换是类似的，只不过转换的项目不同而已。

278